Impressum

Heimische Eidechsen im Freiland und Terrarium
1. Auflage 2017

Kleintierverlag Thorsten Geier
Biebertal 2016
ISBN 978-3-944484-15-0

Foto auf der Umschlagseite: Werner Lantermann

Fotos, wenn nicht anders angegeben: Werner und Yvonne Lantermann

Fachverlag für naturnahe Tierhaltung
Postfach 11 11
35441 Biebertal
Telefon: +49 (0)6409 6619485
Telefax: +49 (0)6409 6619485
E-Mail: info@kleintierverlag.de
Internet: www.kleintierverlag.de

Umschlag und Buchgestaltung: Riko Wolny
Druck: L&W Druck, Bad Endbach

Werner & Yvonne Lantermann

Heimische Eidechsen im Freiland und Terrarium

Faszination, Haltung und Schutz

THORSTEN GEIER
kleintierverlag.de
Fachverlag für naturnahe Tierhaltung

INHALT

1 VORWORT

REPTILIEN FASZINIEREN UNS SPÄTESTENS, SEIT UNSER SOHN VOR JAHREN ZUM GEBURTSTAG EIN BARTAGAMEN-PAAR SAMT TERRARIUM UND PFLEGEANLEITUNG GESCHENKT BEKAM. AB DANN WAREN WIR – OBWOHL WIR SEIT JAHREN SELBER „TIERMENSCHEN" (ALLERDINGS MIT ANDEREN SCHWERPUNKTEN) SIND – GEZWUNGEN, UNS ERSTMALS AUCH MIT DER ARTGERECHTEN HALTUNG VON REPTILIEN AUSEINANDERZUSETZEN, UM DEM SOHN PFLEGERISCH AUF DIE SPRÜNGE HELFEN ZU KÖNNEN. NACH EINIGEN JAHREN WURDEN DIE BARTAGAMEN (NACH MEHREREN KÜNSTLICH ERBRÜTETEN GELEGEN UND ZAHLREICH AUFGEZOGENEN JUNGTIEREN) DANN AUFGRUND NACHLASSENDEN INTERESSES WEITERGEGEBEN. DAS FREIGEWORDENE TERRARIUM WURDE SPÄTER VON UNS MIT PERLEIDECHSEN BESETZT, DIE WIR BEREITS FRÜHER IN PORTUGAL BEOBACHTEN UND FOTOGRAFIEREN KONNTEN.

Damit war der weitere Weg klar: Europäische – oder möglichst sogar heimische – Eidechsen sollten künftig unser gemeinsames Tierthema sein. Und seither reisten wir zunächst durch viele deutsche Naturlandschaften. Wir beobachteten hier, fotografierten dort ... Mit der Zeit bekamen wir

ein Gefühl für geeignete Lebensräume und Verhaltensweisen unserer heimischen Eidechsen. Mit den Jahren dehnten wir dann unsere Beobachtungsreisen weiter in Richtung Südeuropa aus. Inzwischen haben wir von Portugal im Westen bis zum griechischen Festland im Osten zahlreiche Naturräume Europas und die darin beheimateten Reptilien (und natürlich auch manche Amphibien) beobachten können.

Nach wie vor sind wir von den Reptilien fasziniert. Wir sind immer wieder begeistert, wenn wir eine neue „Zielart" auf der nächsten Exkursion antreffen. Aber die „Heimischen" bleiben doch unsere heimliche Liebe. Und deshalb haben wir sie uns in den Garten geholt. Wir betreiben einen großen Naturgarten am westlichen Rand des Ruhrgebietes. In unserer Nähe gibt es – abgesehen von einigen angesiedelten oder ausgesetzten Mauereidechsenbeständen – weit und breit keine Reptilienvorkommen, die man mal „so eben" aufsuchen und beobachten könnte. Was lag also näher, als die Reptilien in den eigenen Garten zu holen?

Freilandterrarien bieten sich dazu für die Tiere als schön-gestaltete Unterkünfte und gute Beobachtungsmöglichkeiten geradezu an. Zudem sind auch fast alle heimischen Arten regelmäßig aus legalen Zuchten zu bekommen – und meist auch gar nicht besonders teuer. Kostspieliger ist in jedem Fall der Bau geeigneter Unterkünfte und deren adäquate Ausstattung.

Wir möchten Sie mit diesem Buch an unserer Begeisterung für die heimischen Eidechsen teilhaben lassen. Zahlreiche Informationen über diese faszinierenden Tiere, z. B. über die Haltung und das Beobachten der Tiere in der Natur, haben wir daher für Sie in Buchform zusammengefasst. Wir wünschen Ihnen viel Spaß beim Lesen.

Werner & Yvonne Lantermann

2 DEUTSCHLANDS EIDECHSEN – eine erste Übersicht

EIDECHSEN SIND MIT RUND 300 ARTEN IN ETWA 40 GATTUNGEN IN GROSSEN TEILEN DER „ALTEN WELT", ALSO IN EUROPA, AFRIKA UND ASIEN VERBREITET, DERWEIL SIE IN AUSTRALIEN UND IN DER „NEUEN WELT" (NORD- UND SÜDAMERIKA) FEHLEN.

Die sogenannten Echten Eidechsen bilden innerhalb der Schuppenkriechtiere (*Squamata*) eine eigene Reptilienfamilie (*Lacertidae*), die phylogenetisch lange Zeit zur Verwandtschaft der Skinkartigen (*Scincomorpha*) gestellt wurde. Nach neueren molekularbiologischen Analysen werden sie heute jedoch eher in der Verwandtschaft der Doppelschleichen (*Amphisbaenia*) gesehen (VIDAL & HEDGES 2005). Die meisten Eidechsenarten sind kleine bis mittelgroße, schlanke, flinke Bodenbewohner, deren kleinste Art die Zwerg-Kieleidechse *(Algyroides fitzingeri)* mit rund 12 cm Gesamtlänge und deren größte die Perleidechse *(Timon lepidus)* mit bis zu 90 cm Gesamtlänge darstellt. Viele Eidechsenarten weisen einen deutlichen Geschlechtsdimorphismus dahingehend auf, dass die Männchen intensiver oder farbenprächtiger gezeichnet sind als die eher unscheinbareren Weibchen. Fast alle Arten legen Eier, einige wenige (darunter die heimische Waldeidechse, siehe Kapitel 6.4) sind lebendgebärend (vgl. BISCHOFF 2005).

Smaragdeidechsen sind die attraktivsten Eidechsenarten Deutschlands.

2.1 Eidechsen in Deutschland

Gemessen an vielen südeuropäischen Ländern oder gar den Tropengebieten in vielen Teilen der Welt ist Deutschland eher ein an Reptilien armes Land. Gerade einmal 14 Arten sind hier heimisch: eine Schildkrötenart, eine Schleiche, sechs Schlangenarten und sechs Eidechsenarten, wobei eine Art, die Kroatische Gebirgseidechse, erst 1989 in Einzelexemplaren an der Grenze zu Österreich entdeckt, aber seit 1994 nicht mehr nachgewiesen wurde (GÜNTHER 1996). Manche Autoren vertreten daher die Ansicht, dass es sich möglicherweise um von Menschenhand (erfolglos) angesiedelte Tiere handeln könnte (vgl. FRANZEN & GRUBER 2004). Weitere eingeschleppte Reptilienarten in Deutschland sind z. B. auch die nordamerikanischen Rotwangen- und Gelbwangenschmuckschildkröten, die im Verdacht stehen, die heimische Sumpfschildkröte – dort wo sie noch vorkommt – zunehmend zu verdrängen.

Deutschlands Eidechsenfauna setzt sich aus Zauneidechse, Westlicher und Östlicher Smaragdeidechse, Mauer- und Waldeidechse und (siehe oben) Kroatischer Gebirgseidechse zusammen. Hinzu kommt als weitere Echsenart die Blindschleiche, die in diesem Buch der Vollständigkeit halber mit aufgeführt wird.

Da alle Reptilien wechselwarm sind und damit als „Sonnenanbeter" gelten, sind ihre Körpertemperatur und damit ihre Aktivitätsphasen in hohem Maße von der Umgebungstemperatur abhängig. Damit wird deutlich, dass Deutschland und andere mitteleuropäische Länder nicht unbedingt ideale Klimabedingungen für Reptilien bieten und somit auch nicht das Zentrum der europäischen Herpetofauna darstellen. Weiter nördlich (Skandinavien) nimmt die Artenzahl der dort vorkommenden Spezies noch weiter ab, weiter südlich (Südeuropa) kontinuierlich zu. So finden sich beispielsweise in Finnland nur noch fünf Reptilienarten, in Portugal dagegen 26 (MALKMUS 2008). In Mitteleuropa sind die Tiere gezwungen teilweise fünf bis sechs Monate in den Winterquartieren zuzubringen. Kälte und Nahrungsknappheit zwingen sie gewissermaßen in die Winterruhe. Zum Überwintern werden passende Verstecke unter den Wurzeln von Bäumen, in Erdlöchern, Felsspalten, unter Totholzhaufen oder in Kleinsäugerbauten aufgesucht.

Von den genannten sieben (Eid-)Echsenarten Deutschlands sind fünf eierlegend und zwei (Blindschleiche, Waldeidechse) lebendgebärend. Eine davon, die Waldeidechse, hat sich aufgrund ihrer weiten Verbreitung bis in den hohen Norden Europas allerdings als eine Art „Grenzgänger" zwischen den

Blindschleichen und Waldeidechsen sind die beiden lebendgebärenden (Eid-)Echsenarten Deutschlands.

Systemen erwiesen. Sie legt in zwei Teilbereichen ihres Gesamtverbreitungsgebietes – wie alle anderen deutschen Eidechsenarten – Eier, derweil im überwiegenden Teil des Verbreitungsgebietes lebende Junge geboren werden.
Die meisten deutschen Arten gelten mittlerweile als gefährdet oder gar vom Aussterben bedroht. Die Zerstörung, Veränderung oder Verkleinerung ihrer ursprünglichen Lebensräume, der Pestizid-Einsatz in der Landwirtschaft und das Auflassen ehemals extensiv genutzter Biotope wie z. B. Trockenrasen und Heiden sind dafür primär verantwortlich.
Vielerorts sind allerdings intensive Kartierungs- und Monitoring-Arbeiten im Gange, die zumindest dafür sorgen, dass der Status Quo der allermeisten Eidechsenstandorte in Deutschland mehr oder weniger gut bekannt ist. Überhaupt dürfte Deutschland zu den herpetologisch besterforschten Ländern der Welt gehören. Dazu haben zahlreiche Herpetologen, Amateurforscher und Reptilienfreunde gleichermaßen beigetragen. Dies darf jedoch nicht darüber hinweg täuschen, dass trotz guter Kenntnis der Sachlage immer noch (und beinahe täglich) Lebensräume, in denen nachweislich bedrohte Arten vorkommen, durch Baumaßnahmen (z. B. Straßenbau) und landwirtschaftliche Aktivitäten umgesiedelt werden müssen oder – schlimmer noch – unwiederbringlich verloren gehen.

2.2 Eidechsen im übrigen europäischen Raum

Natürlich sind die „deutschen" Eidechsen nicht nur in Deutschland zu beobachten. Es gibt keine endemische Eidechsenart in Deutschland, d. h. alle Arten sind auch in angrenzenden europäischen Ländern beheimatet, und besonders die beiden Smaragdeidechsenarten haben ihren Verbreitungsfokus in Südeuropa. Dort sind sie in der Regel mit mehreren anderen Reptilienarten, auch weiteren Eidechsenarten, die z. T. in gleichen Lebensräumen vorkommen, vergesellschaftet. Somit sind herpetologische Exkursionen oder einfach Natururlaube in vielen südeuropäischen Ländern in der Regel (bei passendem Wetter und der richtigen Jahreszeit) sehr erfolgversprechend und insofern „spannender" als in Deutschland, weil eben auch diverse weitere Arten – darunter Landschildkröten, Wasserschildkröten, diverse Schlangenarten, Skinke und sogar Agamen – an bestimmten Orten bzw. in bestimmten Naturlandschaften zu finden sind. Wer sich mit Reiseplänen in die südeuropäischen Gefilde trägt, sei z. B. auf die Internetplattformen www.herpetofauna.at, www.herpshots.de, www.viperas.de oder www.lacerta.de verwiesen. Dort finden sich zur Anregung und ersten Information diverse herpetologische Reiseberichte in viele südeuropäische (und andere) Länder, die in der Regel mit zahlreichen erstklassigen Fotos versehen sind.

In Südeuropa finden sich deutlich farbenprächtigere Eidechsenarten als in Deutschland.

3

EIDECHSEN –
beobachten und fotografieren

3.1 Eidechsen beobachten in Deutschland

WER EIDECHSEN IM FREILAND BEOBACHTEN UND FOTOGRAFIEREN MÖCHTE, KANN DAFÜR EINEN MEHR ODER WENIGER HOHEN AUFWAND BETREIBEN.

Die naheliegenden Möglichkeiten sind die bekannten Eidechsenpopulationen in der Nähe des Wohnortes – sofern es dort welche gibt. Wohnortnahe Vorkommen bieten den Vorteil, dass man dort sogar systematisch arbeiten kann, indem man jährlich mehrere Begehungen und Zählungen – also eine möglichst genaue Kartierung – durchführen kann. Zudem lassen sich durch kontinuierliche Beobachtungen jahreszeitliche Aktivitätsmuster, Reproduktionserfolge und Bestandsentwicklungen (manchmal sogar über mehrere Jahre hinweg) dokumentieren. Dies kann ein wichtiger Baustein für die Wissenschaft sein und Eingang in die einschlägige Literatur finden, sofern die Daten veröffentlicht werden. Dem gegenüber stehen die gezielten Reisen in bestimmte Eidechsengebiete. Wer Zaun-, Mauer- und Waldeidechsen finden, beobachten und fotografieren möchte braucht bei vielen Exkursionen oftmals nur einen wachen Blick, und er wird in geeigneten Lebensräumen leicht fündig. Wir haben bei kleinen Sonntagsspaziergängen schon

Waldeidechsen an Waldrändern im Nachbarort Dinslaken gefunden, sind schon im botanischen Garten Bochum über (allochthone) Mauereidechsen „gestolpert" und haben an der verbuschten Böschung einer vielbefahrenen Straße am Bodensee Zauneidechsen beobachten können. Ebenso findet man z.B. in vielen geeigneten Lebensräumen Ostdeutschlands sehr regelmäßig Blindschleichen, wenn man genau hinschaut. Allerdings sind die Tiere nicht so leicht nachzuweisen, wie die zuvor genannten Eidechsenarten. Selbst bei uns im Ruhrgebiet trifft man hier und dort auf eine Blindschleiche, zuletzt auf einem Spazierweg, der auf einer stillgelegten Eisenbahntrasse zwischen Oberhausen und Duisburg angelegt wurde (LANTERMANN & LANTERMANN 2006). Dies sind nur wenige Beispiele für das zufällige Auffinden von Tieren der genannten Arten. Selbstverständlich lassen sich auch gezielte Exkursionen zu solchen Eidechsenvorkommen planen, die u. U. schon seit Jahren bekannt und in der Literatur erwähnt sind.

Wer hingegen Westliche oder Östliche Smaragdeidechsen beobachten und /oder fotografieren oder gar systematisch erforschen möchte, muss deutlich mehr Aufwand betreiben. Sie kommen in der östlichen Form nur noch in kleinen Populationen in Brandenburg, und in der westlichen Form in inselartigen Populationen im mittleren Rheintal in Rheinland-Pfalz vor. Auch ein Ausflug zum Kaiserstuhl nach Baden-Württemberg kann

Beide Smaragdeidechsen-Arten sind in Deutschland nur noch inselartig verbreitet.

Smaragdeidechsen-Sichtungen erbringen (nebenbei bemerkt findet sich dort auch die größte Orchideenvielfalt Deutschlands), allerdings sind sich die Fachleute noch nicht einig, ob es sich dabei um authochtone *Lacerta-bilineata*-Bestände) oder allochthone *Lacerta-viridis*-Bestände handelt (vgl. Kapitel 6.2).

Bei der Absicht, diese Verbreitungsgebiete aufzusuchen, empfiehlt sich zunächst das sorgfältige Studium der Literatur, um geeignete Standorte zu lokalisieren. Oftmals werden die Vorkommen in der Literatur aber absichtlich nicht punktgenau benannt, damit eben nicht jeder Laie dort „einfällt", die Tiere stört oder gar teilweise absammelt. Empfehlenswert ist daher in der Regel die Kontaktaufnahme zu dortigen Naturschutzgruppen (örtliche NABU- oder BUND-Gruppen, Reptilien-Arbeitskreisen und sonstigen Aktivisten), um mit ihnen zusammen die fraglichen Reptilienvorkommen aufzusuchen oder zumindest seriöse Tipps über deren Vorkommen zu bekommen. Zufallsfunde sind bei diesen beiden Arten eher unwahrscheinlich. Exkursionen zu ihren Standorten müssen daher in der Regel sorgfältig geplant werden. Dazu sind meist längere Anreisen (je nachdem, wo man in Deutschland wohnt), mehrere Übernachtungen usw. notwendig. Zudem muss die richtige Jahreszeit gewählt werden und das Wetter muss mitspielen. Schließlich bedarf es auch bestimmter Felderfahrungen, Methodenkenntnis, eines ordentlichen fotografischen Equipments und der notwendigen Zeit, Ruhe und Geduld, bis man möglicherweise befriedigende Beobachtungserfolge zu verzeichnen oder gute Fotos vorzuweisen hat. Näheres dazu bieten die folgenden Abschnitte.

3.2 Die Logistik: Unterkunft, Anreise und Ausrüstung

Die Durchführung von (Urlaubs-)Reisen mit Naturerlebnis-Faktor bedarf im Vorfeld einer sorgfältigen Abstimmung und Planung. Wenn es nur um die Interessen zweier Gleichgesinnter geht, dürften die Vorstellungen in der Regel etwa in die gleiche Richtung gehen. Wenn aber Familien-Interessen (z. B. Hotels mit Kinderprogramm) oder Gruppen-Interessen (z. B. Hotels mit kulturellen Ausflugsangeboten) im Vordergrund stehen, wird es schwieriger. Unsere Erfahrung zeigt jedenfalls, dass es recht einfach ist, ein günstiges

Pauschalangebot für Familien und Kleingruppen in vielen (Natur-)Regionen Deutschlands ausfindig zu machen. Und oftmals lassen sich von dort – zu Fuß, per Fahrrad oder ggf. auch per Mietwagen – auch Tagesausflüge in sehenswerte Naturlandschaften der Umgebung unternehmen. Allerdings erfordert dies immer eine gewisse Abstimmung mit Freund/in, Ehepartner/in, Kindern, Bekannten oder Gruppenmitgliedern. Viel mehr als gelegentliche Zufallsbeobachtungen dürften bei diesen Reisen oftmals nicht herauskommen, sind aber für viele Reisende offenbar durchaus ausreichend.

Reptiliensuche in der Gruppe ist nicht unbedingt von Vorteil, kann aber für Jugendgruppen ein pädagogisches Lehrstück sein.

Etwas schwieriger gestaltet sich die Suche nach kleinen, beschaulichen Hotels und Pensionen fernab von den Touristenströmen und in unmittelbarer Nähe von interessanten Natur- und Nationalparks, von wo aus man direkt und zu Fuß loslaufen kann. Es gibt sie – auch im Internet –, aber manchmal muss man eine Zeitlang suchen, bis man das Passende gefunden hat. Das ist umso schwieriger, je mehr man in diesen Hotels einen bestimmten Komfort sucht. Auch wir gehören zu den Reisenden, die gern tagsüber durch alle möglichen

Gebüsche, Wildwiesen und Steinbrüche kriechen, am Abend aber gern eine schöne saubere Unterkunft, ein gutes Essen und einen angemessenen Service in einem Hotel zu schätzen wissen. Das muss nicht immer ein Sterne-Hotel sein, aber das eine muss das andere ja nicht unbedingt ausschließen – vor allem wenn diese „Studienreisen" auch gleichzeitig in den Jahresurlaub fallen. Diese Hotels oder Pensionen stellen oft nur Stationen für Durchreisende dar, die z. B. bei einer Rundreise durch die Region nur ein oder zwei Tage bleiben. Oder es handelt sich ganz speziell um kleine Unterkünfte für Ruhe- und Erholungssuchende. Gelegentlich sind diese Häuser sogar in besonderer Weise auf Natureisende eingerichtet, in dem sie die „richtigen" Wanderkarten bereit halten, Tipps für Wanderer und Naturfotografen geben können und im besten Fall sogar Ferngläser oder Spektive verleihen. Natur-Tourismus ist mancherorts im Kommen, macht aber oftmals schon dann keinen Spaß mehr, wenn bestimmte Strecken täglich von 500 Wanderern begangen werden. Was soll man denn dort noch beobachten können?

Die „Hardliner", die „Forscher", die „echten" Naturfotografen und die entbehrungsgewohnten Feldbiologen werden dagegen einfach auf gut Glück in das entsprechende Gebiet reisen und sich vor Ort eine Unterkunft suchen. Auch das ist in der Regel fast überall in Deutschland möglich – vielleicht ausgenommen die Zeit der Hochsaison im heißen Sommer, aber die ist ohnehin keine besonders geeignete Reisezeit für Herpeto-Touristen.

Und damit sind wir gleich bei einer der wichtigsten Fragen: Wann soll die Reise stattfinden, damit herpetologische Beobachtungen überhaupt einen Sinn ergeben? Wer aus den verschiedensten Gründen (z. B. wegen der Schulferien der Kinder) auf die Sommerfreien angewiesen ist, hat ohnehin keine Wahl. Er muss seine Beobachtungsgänge dann eben in die frühen Morgen- und späten Nachmittagsstunden verlegen, um überhaupt etwas zu sehen. Wer aber die zeitliche Wahl hat, wird in der Regel in der Vorsaison (ab Ende April/Anfang Mai) oder eben nach der großen Sommerhitze im September und Oktober zu seiner Beobachtungs- und Fototour aufbrechen. In den Frühjahr- und Frühsommersmonaten sind die Tageshöchsttemperaturen in der Mittagszeit noch erträglich. Wenn dagegen in den Sommermonaten

Die heiße Mittagszeit verbringen die meisten Reptilien im Schutz der Vegetation oder in Felsspalten.

zur Mittagszeit das Thermometer bis auf 40° C klettert, sind erwartungsgemäß weder Reptilien noch Naturbeobachter gern unterwegs, sondern verbringen die heißen Mittagsstunden lieber im Schatten, in Felsspalten und anderen Schlupflöchern bzw. auf der Hotelterrasse.

Die Anreise im eigenen PKW – unter Umständen noch mit Wohnwagen oder im Wohnmobil – hat z. B. gegenüber der „ökologischeren" Bahnreise zweifellos ihre eigenen Reize. Zwar ist man unter Umständen mehrere Stunden zum Zielort unterwegs, kann aber auch interessante Zwischenstopps einlegen und hier oder dort noch eine Beobachtungstour einschieben. Man ist sein eigener Herr und kann die Tour nach eigenen Interessen und eigenen Zeitabläufen planen und gestalten. Nachteilig wirken sich allerdings gegenwärtig die ausufernden Benzinpreise aus, die somit den Reiseetat – vor allem bei Routen von mehreren Hundert Kilometern Länge – deutlich stärker belasten, als noch vor wenigen Jahren.

Leichte, helle Kleidung mit langer Hose, ein langärmeliges Hemd, Sonnenkappe und gut eingelaufene, leichte Wanderschuhe sind in der Regel das A und O der Ausrüstung – wobei hier und dort sicherlich auch einmal eine kurze Hose und ein ärmelloses Top oder T-Shirt zum Einsatz kommen. Aber sobald man von den eingezeichneten Wanderwegen abweicht, durch hohes Gras oder Gestrüpp läuft, sobald die Mittagsonne unerbittlich den Sonnenbrand ankündigt und am frühen Abend die Mückenattacken beginnen, wird man langärmelige oder -beinige Kleidung zu schätzen wissen, nur leicht und hell muss sie sein. Dazu wird für die täglichen Wandertouren oder ausgedehntere Spaziergänge ein kleiner Rucksack für eine atmungsaktive Regenjacke, ein Multitool-Taschenmesser, ein Notfallset, Sonnenmilch, Mückenschutz, eine Wasserflasche sowie der notwendige Proviant benötigt. Wobei zu bedenken ist, dass diese Grundausrüstung insgesamt schon recht gewichtsreduziert sein sollte, denn es sind zusätzlich ja in der Regel noch technische Geräte (Kamera, Fernglas) und evtl. ein Bestimmungsbuch einzuplanen.

3.3 Die technische Ausstattung

Somit kommen wir zu der Frage der technischen Ausstattung. Die räumliche Orientierung vor Ort erfolgt oftmals noch über die am Zielort erhältlichen (gedruckten) Touristen-Wanderkarten, die aber vielfach nur sehr oberflächlich und teils fehlerhaft sind. Besser man verschafft sich im Vorfeld des Urlaubs das benötigte Kartenmaterial über spezielle Buchhandlungen oder Anbieter im Internet, nimmt Kontakt zu gleichgesinnten Reisenden und zu Naturschutzgruppen vor Ort auf und erhält zudem Reiseinfos aus erster Hand usw. Mittlerweile nutzen viele Wanderer und sonstige Touristen auch die immer öfter kostenfrei zur Verfügung stehenden digitalen Wanderkarten, die man sich als Dateien auf das Smartphone herunterladen kann. Sie ermöglichen – je nach Qualität und Anbieter – zunächst die Wanderkartenfunktion, also die Orientierung im Raum, darüber hinaus aber auch die Bestimmung von Geländemarken per GPS, die genaue Dokumentation der Wanderroute, die Bestimmung der jeweiligen Höhenlage sowie die punktgenaue Dokumentation von Fundorten von Tieren und Pflanzen, z. B. für Kartierungen oder (wissenschaftliche) Veröffentlichungen. Diese Daten können später zur Auswertung am PC gespeichert und bearbeitet werden.

Die Fotodokumentation von Tieren, Pflanzen, Geländemarken oder Landschaften erfolgt heute in der Regel per digitaler Fotokamera. Das Non-Plus-Ultra in Qualität und Auflösung stellen zweifellos und (fast) konkurrenzlos die digitalen Spiegelreflexkameras da, die in vielen Modellen und Preisklassen mit mannigfaltigem Zubehör und von diversen Herstellern angeboten werden. Es ist hier nicht der Ort (und liegt auch außerhalb der Medienkompetenz der Verfasser), eine systematische Analyse des gegenwärtigen Kameramarktes vorzulegen. Es seien lediglich einige Hinweise gestattet. Wenn man sich für ein neueres Modell eines gängigen Herstellers mit allen wichtigen Basisfunktionen, einem hellen und nicht zu kleinen Display und zwei Vario-Objektiven entscheidet, liegt man in der Regel nie ganz falsch. Zwar hat (noch bessere) Qualität ihren (noch höheren) Preis, die Frage ist aber, an welchem Punkt man Abstriche machen kann, um das Preisniveau etwas zu senken. Wird der gesamte technische Schnickschnack, den solche Kameras heute bieten, wirklich benötigt, oder darf es auch etwas weniger sein? Entscheidend ist zum einen natürlich die Bildqualität, zum anderen aber auch das Gewicht sowie die Robustheit und Handhabbarkeit der Kamera im Gelände. Wie schnell lässt sie sich mit welchem Objektiv bestücken, einschalten, in Position bringen und auslösen? Wie schwer wirkt die Kamera mit Objektiv, wenn man sie einen ganzen Exkursionstag mit sich herumträgt? Braucht man noch einen Rucksack für das Zubehör, den Regenschutz, das Stativ? Fragen über Fragen, mit denen man sich sorgfältig vor der Anschaffung auseinandersetzen sollte. Hinzu kommt der Preisrahmen. Als Minimum werden zwei Vario-Objektive benötigt, um für alle Fälle gerüstet zu sein: ein Objektiv, das von Weitwinkelbereich bis hin zum leichten Telebereich (z. B. 28–135 mm) reicht, und ein klassisches Teleobjektiv mit einer Brennweite von 70–300 oder 100–400 mm Brennweite. Bei Wasserschildkröten und Schlangen mit hoher Fluchtdistanz können auch schon mal Objektive mit 600 mm Brennweite notwendig werden, um halbwegs bildfüllende Fotos zu erzielen. Eine solche Grundausrüstung hat allerdings leider auch ihre Umständlichkeit, ihr Gewicht und auch ihren Preis, der leicht in den vierstelligen Eurobereich reichen kann – insbesondere bei professionellen Hochleistungsobjektiven. Hier gilt: je mehr technisches Know-how, je größere Vario-Werte der Objektive und je mehr Bildqualität man erwartet, desto tiefer wird man in die Tasche greifen müssen. Natürlich sind auch die – meist deutlich günstigeren – Festbrennweiten (300-, 400-, 500-mm-Objektive) für unsere Zwecke geeignet, nur in der Regel eben wesentlich umständlicher, weil man ggf. einen ganzen Fotokoffer mit Wechselobjektiven mit sich herumtragen muss.

Eine Alternative für Freilandfotografen stellen seit einigen Jahren die sogenannten Bridgekameras dar. Sie vereinen in den neueren Kamera-Generationen eine gute Handhabbarkeit, mit einem einzigen fest installierten Objektiv, dessen Brennweite vom kleinen Weitwinkel- bis zum großen Teleobjektiv (bis 600 oder 800 mm und mittlerweile auch darüber hinaus) reicht, eine hohe Lichtstärke, ein großes helles Display und eine hohe Auflösung mit 5–12 (oder mehr) Millionen Pixel bietet. Sie sind insgesamt kompakt, handlich und haben – z. B. bei der Verwendung von hochwertigen Leica-Objektiven – einen hohen Qualitätsstandard. Vielfach ist die Bildqualität solcher Kameras kaum noch von der Spiegelreflex-Qualität zu unterscheiden. Und sie sind insgesamt schneller, es brauchen keine Objektive gewechselt zu werden – und der Preis für sehr gute Modelle (z. B. von Canon, Nikon oder dem gegenwärtigen Marktführer Panasonic) pendelt sich aktuell auf deutlich unter 500 € ein. Ein Großteil der Fotos in diesem Buch ist übrigens mit einer „alten" „Panasonic Lumix FZ20", die neueren Fotos mit der „Panasonic Lumix FZ200" gemacht worden. Diese Kameras sind – trotz vieler Verbesserungen bei den neueren Modellen – seit einigen Jahren für uns ideale Begleiter auf unseren Reisen. Ihre Robustheit und leichte Handhabbarkeit hat uns bisher nie unserer früheren Spiegelreflex-Fotografie nachtrauern lassen.

Spektive sind für Reptilienbeobachtungen eher hinderlich, Ferngläser dagegen oftmals notwendig.

Brauchen Hobby-Herpetologen auch ein Fernglas zu ihrer Ausrüstung? Aber sicher, denn viele Tiere sind überhaupt nur auf größere Entfernung zu sehen oder zu bestimmen. Man denke nur an die Gruppen von sich sonnenden Wasserschildkröten am gegenüberliegenden Ufer eines kleinen Sees, die allesamt in Windeseile abtauchen, wenn man sich ihnen nähert. Auch das Absuchen bestimmter, etwas entfernter

Felsformationen nach Eidechsen, die genaue Bestimmung einer im Wasser treibenden Schildkröte, von der nur der Kopf zu sehen ist usw. ist nur mit einem optischen Hilfsmittel möglich. Also, ein Fernglas gehört unbedingt zur Ausrüstung und gestattet ja dann auch ganz nebenbei einen genaueren Blick auf die übrige Tierwelt, insbesondere die Vogelwelt, die auch in deutschen Naturräumen zum Teil unerwartete Überraschungen bereithält. Wer einmal in der Niederlausitz eine Blauracke, in Brandenburg eine Großtrappe oder an heimischen Gewässern Nordrhein-Westfalens einen Eisvogel beobachten konnte, wird niemals wieder von den „langweiligen, kleinen, braunen" europäischen Vögeln sprechen.
Aber welche Ansprüche werden an ein Fernglas gestellt, welches Modell soll es sein? Hier sind zunächst die technischen Daten zu betrachten. Die meisten für unsere Zwecke geeigneten handelsüblichen Ferngläser haben eine Vergrößerung/Lichtstärke von 8 x 42 oder 10 x 42. Das bedeutet: bei 8facher bzw. 10-facher Vergrößerung hat das Objektiv einen Durchmesser von 42 mm. Je größer dieser Objektivdurchmesser ist, desto größer ist der Lichteinfall und somit die Bildhelligkeit, die zu einem gewissen Teil allerdings auch noch von der Vergrößerung bestimmt wird. Das Sehfeld liegt bei Ferngläsern mit 8-facher Vergrößerung bei etwa 130 m, bei 10facher Vergrößerung bei etwa 110 m. Höhere Vergrößerungen oder größere Lichtstärke bedingen in der Regel größere und schwerere Ferngläser und sind auch im Feld nicht mehr so leicht ruhig zu halten. Und verwackelte Bilder sind nicht nur in der Fotografie ärgerlich. Mehr als 800 Gramm sollte ein feldtaugliches Fernglas nicht wiegen und notfalls mit einer Hand greif- und scharfstellbar sein. Ein weiteres Kriterium qualitativ guter Ferngläser sind Farbtreue, Bildschärfe und -helligkeit. In der Regel bestimmen diese drei Faktoren den Preis. Je besser die Optik, desto farbgetreuer, heller (auch am Abend) und schärfer sind die Bilder – und desto höher ist aber auch der Anschaffungspreis. Die neuen Modelle von Zeiss (z. B. Serie Victory, Serie Conquest) oder Swarovski erreichen ein Spitzenniveau in der Qualität, aber auch im Preis (1.000–2.500 €). Es gibt alternativ recht gute Ferngläser von Nikon (z. B. Serie Monarch) oder Steiner (z. B. Sky Hawk Pro), die

bei 300–400 € liegen. Wem auch das zuviel ist, begnügt sich stattdessen vielleicht mit den „alten" Ferngläsern aus dem privaten Fundus, sofern sie noch voll funktionstüchtig und gut nachjustierbar sind. Auch damit lassen sich oftmals noch ganz gute Beobachtungsergebnisse erzielen. Sie haben zumindest den Vorteil, dass sie meist recht robust gebaut und bei den Arbeiten im Feld wesentlich unempfindlicher sind, als die teuren Topmodelle, bei denen jeder neue Kratzer u. U. eine persönliche Krise auslöst, weil man dafür ein halbes der ganzes Monatsgehalt investiert hat.

Es bleibt zum Schluss die Frage nach geeigneter Bestimmungsliteratur. Während für die Hobby-Ornithologen inzwischen – neben diversen gedruckten Bestimmungsbüchern – schon digitale Feldführer mit Fotos und Lautäußerungen der Vogelwelt Europas für das Smartphone oder das IPad zur Verfügung stehen (z. B. HAYMAN& HUME 2009), hat sich der Freiland-Herpetologe vorerst noch überwiegend an gedruckten Werken zu orientieren. Die neuesten deutschsprachigen Bestimmungsbücher für den europäischen Verbreitungsraum sind die halbwegs handlichen Übersichtswerke von KWET (2010) und GLANDT (2010). Letzterer hat kürzlich auch noch einen zusätzlichen Bestimmungsband veröffentlicht, in dem die genauen Bestimmungshilfen und Unterscheidungsmerkmale der europäischen Amphibien und Reptilien (einschließlich der heute anerkannten Unterarten) zu finden sind (GLANDT 2011). Die wissenschaftliche Beschreibung der europäischen Herpetofauna findet sich in den einzelnen Bänden des „Handbuches der Amphibien und Reptilien Europas", das seinerzeit mit den Eidechsen- und Schlangenbänden von Wolfgang Böhme begonnen wurde (z. B. BÖHME 1984, 1986) und mittlerweile (bei den Schildkröten- und Amphibienbänden) von anderen Fachleuten herausgegeben wird. Dies ist die bisher umfassendste und verlässlichste deutschsprachige Quelle des herpetologischen Wissensstandes über die europäischen Amphibien und Reptilien. Man muss es aber nicht unbedingt anschaffen, denn es dürfte mittlerweile fast in jeder gut sortierten öffentlichen Bibliothek vertreten sein.

3.4 Eidechsen fotografieren

Die heimischen Eidechsen lassen sich – im Gegensatz zu Blindschleichen – verhältnismäßig leicht beobachten, wenn man denn einen Standort ausgemacht hat, wenn das Wetter mitspielt, die Lichtverhältnisse geeignet sind und man genügend Zeit mitgebracht hat. Man wird zuerst die Gewohnheiten der Tiere und ihre bevorzugten Aufenthaltsorte bzw. Sonnenplätze ein wenig studieren, bevor man zur Kamera greift. Vorsichtige, ruhige Bewegungen sind vonnöten, sonst sind die Tiere schnell in ihren Schlupflöchern verschwunden. Oftmals tauchen sie allerdings kurze Zeit später wieder auf und schieben sich – wenn der Störenfried sich voraussichtlich entfernt hat – wieder vorsichtig aus ihrem Versteck auf einen Sonnenplatz. Nun kann mit langsamen Bewegungen die Kamera in Position gebracht werden. Eine 200er bis 300er Brennweite ist meist gut geeignet, um den Abstand zum Tier verträglich zu halten. Die meisten Fotos wird man aus der Hand machen. Dann lässt sich die Position wechseln, und man kann sich auch ganz langsam dem Fotoobjekt nähern. Wir sind auf diese Weise schon bis auf 20 cm an eine Eidechse herangekommen, ohne dass sie geflüchtet wäre. Dann ist allerdings ein Vario-Objektiv unabdingbar. Voraussetzung für solche Fotos sind ultralangsame Bewegungen, denn die nehmen die Tiere offenbar nicht als Bedrohung wahr. Auch mit einer Kamera auf einem Stativ lassen sich u. U. gute Reptilienfotos machen. In diesem Fall wird ein geeigneter Sonnenplatz gewählt, die Kamera darauf scharf gestellt und dann das Auftauchen der Tiere erwartet. Per Fernauslöser lassen sich dann oftmals ganze Bilderserien anfertigen, unter denen sicherlich das eine oder andere Foto auch gut gelungen ist. Viele Eidechsenfotos werden „von oben" aufgenommen, das heißt, die Tiere werden mit Blick auf die Rückenpartie fotografiert. Das kann z. B. sinnvoll sein für bestimmte Projekte und Kartierungen, bei denen die Tiere individuell (mit ihren spezifischen Rückenzeichnungen) erfasst werden sollen. Aber „schöne Fotos" entstehen so nur selten, denn die Tiere neigen ihren Kopf nach unten, die Kopf- oder Augenpartien sind nicht oder nur teilweise zu sehen usw. Zwar hat jeder Natur- und Tierfotograf andere Ansprüche an seine Fotos, aber es entstehen zweifellos aussagekräftigere Fotos, wenn man sich zu den Tiere herab begibt und Fotos

„auf Augenhöhe" macht. Dann entstehen plötzlich ganz andere Perspektiven: Eidechsen mit hoch gereckten Kopf vor felsigem Hintergrund, in Wildblumenwiesen, an Totholzhaufen usw.
Die „Highlights" des fotografischen Schaffens sind dann natürlich nicht die Fotos mit (nur) den Tieren als solchen, sondern die besonderen Bewegungs- und Verhaltensfotos: eine züngelnde Eidechse, eine Eidechse mit Beute im Maul, eine Kopulation im Freiland oder anderes. Viele derartige Fotos, die durch die Fachliteratur geistern, sind in Freilandterrarien aufgenommen worden. Diese bieten, wie in Kapitel 10 dargestellt, bei entsprechender Größe und Ausstattung eine Art Naturausschnitt, in denen tolle Fotos entstehen können. Manche Verhaltensweisen der heimischen Eidechsen sind sogar erst im Freilandterrarium detailliert beobachtet und fotografisch dokumentiert worden. Einen Sonderfall in der Fotografie stellt die Blindschleiche dar. Sie ist zum einen recht schwierig verlässlich zu finden, die meisten Beobachtungen sind Zufallstreffer – es sei denn, man arbeitet mit sogenannten Reptilienbrettern in Gebieten, wo sie häufig vorkommt. Ansonsten entstehen die meisten Blindschleichenfotos quasi nebenbei und aus der Hand. Oft liegen Blindschleichen auf etwas versteckten Sonnenplätzen unter schütterem Grasbewuchs, nur selten liegen sie ganz frei. Das stellt den Fotografen manchmal vor ziemliche Schwierigkeiten, vor allem wenn man primär mit dem Autofokus arbeitet, der bei Standard-Kameraeinstellungen dann partout nicht die Blindschleiche, sondern die darüber befindlichen Grashalme oder Blütenstängel scharf stellt. In solchen Situationen sind dann die zuvor genannten Bridgekameras gegenüber Spiegelreflexkameras deutlich im Nachteil. Man kann im Einzelfall auch die eine oder andere Eidechse von Hand oder mit kleinem Kescher einfangen, um ein Kopfporträt oder eine andere Nahaufnahme zu bekommen. Das ist aber (eigentlich) verboten und bringt in der Regel auch nichts für die Fotografie. Besonders sinnfrei ist der Fang von Blindschleichen zum Fotografieren. Sie winden sich und versuchen der Hand zu entkommen, so dass nur selten ein ordentliches Foto entsteht. Zudem wehren sich die Tiere durch Verspritzen von Kot, dessen unangenehmen Geruch man auch nach mehrmaligem Händewaschen noch überdeutlich wahrnehmen kann.

4 EIDECHSEN KARTIEREN — einige Methoden und Fallbeispiele

EIDECHSEN GELEGENTLICH BEOBACHTEN UND FOTOGRAFIEREN IST DIE EINE SACHE, EIDECHSEN SYSTEMATISCH BEOBACHTEN UND KARTIEREN DIE ANDERE.

Solche systematischen Beobachtungen können – vor allem wenn sie über mehrere Jahre erfolgen – wichtige Beiträge zur Biologie, Ökologie und Ethologie einer oder mehrerer ausgewählter Eidechsenpopulationen erbringen. Die gesammelten Daten können einerseits das Grundlagenwissen erweitern helfen, andererseits aber auch Fakten für die Schutzwürdigkeit ihres Lebensraumes im Rahmen der Fauna-Flora-Habitat-Richtlinie der EU erbringen und damit ggf. auch Einfluss auf Planungsvorhaben im Straßenbau o.ä. nehmen. Dabei darf z.B. die Rolle der ehrenamtlichen Kartierer nicht unterschätzt werden. Bei der kürzlich erschienenen Herpetofauna von Nordrhein-Westfalen haben sich beispielsweise 650 ehrenamtliche Mitarbeiter (überwiegend Amateur-Herpetologen) über Jahre hinweg an der Datenerhebung beteiligt und insgesamt rund 65.000 Datensätze von 28.000 Vorkommen in ein zentrales Register geliefert. Diese Daten wurden dann allerdings von Profi-Herpetologen ausgewertet und in die Verbreitungskarten und Monografien zu den einzelnen Arten eingearbeitet (HACHTEL, SCHLÜPMANN et al. 2009). Viele solcher Beobachtungen gehen über den eigentlichen Nachweis des Vorkommens einer Art weit hinaus und erbringen auch Ergebnisse über das Verhalten und die ökologischen Ansprüche der beobachteten Art.

Bleiben wir zunächst beim Nachweis einer Art in einem bestimmten Gebiet. Für alle hier genannten Eidechsenarten ist zunächst der **Sichtnachweis** die wichtigste Methode. Dazu werden bei günstiger Wetterlage, also bevorzugt am späten Vormittag oder frühen Nachmittag, bei (nicht allzu) sonnigem oder besser leicht bewölktem Himmel und Temperaturen jenseits von 15° C, besser 20–23° C bestimmte Strecken im vermuteten oder bekannten Vorkommensgebiet einer Art langsam und ruhig abgegangen. Bevorzugt werden lineare Randstrukturen, z. B. strukturreiche Feld- oder Waldränder, oder potentielle Versteckplätze (größere flache Steine, vermodernde Baumstämme, Baumrinde usw.) abgesucht. Letztere können zum Nachweis von Tieren auch vorsichtig umgedreht werden (vgl. BLAB 1982). Nicht zuletzt kann auch das sorgfältige Absuchen von größeren Flächen, z. T. mit Hilfe eines Fernglases, erfolgversprechend sein. Die jeweils gesichteten Tiere können dann zum einen (möglichst unterteilt nach Männchen, Weibchen, Jungtieren) gezählt, zum anderen in eine Karte, die man sich vorher vom betreffenden Gebiet besorgt oder selber angefertigt hat, eingetragen werden. Auf diese Weise werden schnell bevorzugte Standorte und Anzahlen sichtbar. Diese Begehungen werden bei Eidechsen etwa fünfmal bis sechsmal jährlich zwischen März und September wiederholt, wobei der letzte Begehungstermin im September oder je nach Witterung spätestens Anfang Oktober dann idealerweise die diesjährig geschlüpften Jungtiere mit erfasst. Auf diese Weise lassen sich über den Jahresverlauf die besonders begehrten Standorte und immer sicherer auch die Anzahl der dort vorkommenden Tiere erfassen. Wobei die Bestandsgrößenschätzung einer Population meistens nicht einfach ist und von den professionellen Herpetologen in der Regel mit mathematischen Methoden abgeschätzt wird. Den Amateur-Herpetologen genügen dagegen meist grobe Schätzungen. LAUFER (2013) gibt beispielsweise für Zauneidechsen und Mauereidechsen einen Korrekturfaktor von mindestens

Für Bestandsschätzungen sind Beobachtung von trächtigen Weibchen und/oder Jungtieren hilfreich.

4 bzw. 6 für die Schätzung eines Bestandes aus den kartierten Sichtungen unter optimalen Lebensraumbedingungen an, d.h. die (mittlere) gesichtete Anzahl von Tieren auf einer Probefläche wäre demnach mit 4 bzw. 6 zu multiplizieren, um die ungefähre Populationsgröße abschätzen zu können. Andere Autoren halten dagegen, dass nur über Sichtbeobachtungen (also ohne systematische Anwendung der Fang-Wiederfang-Methode) keine verlässlichen Aussagen zur Populationsgröße möglich seien (z. B. BLANKE 2010).

Bei der Fang-Wiederfang-Methode werden zunächst einige Tiere einer Population eingefangen und individuell markiert (eine Möglichkeit ist z. B. das Anbringen kleiner Erkennungsmerkmale mit Nagellack) und dann wieder freigelassen. Zu einem späteren Zeitpunkt, wenn sich die Tiere im Gelände wieder „durchmischt" haben, wird erneut eine Fangaktion durchgeführt und eine zweite Stichprobe dieser Population eingefangen. Dann ermittelt man die Anzahl der markierten Tiere in dieser zweiten Probe und kann mit Hilfe dieser Zahl eine einfache Proportionalitäts-Schätzung der Gesamtzahl der Individuen dieser Population vornehmen (vgl. HENLE & VEITH 1997).

Ergeben sich auch nach fünf oder sechs Begehungen eines Gebietes bei geeigneter Witterung keinerlei Sichtungen, geht die Wahrscheinlichkeit, dass die gesuchte Art im betreffenden Gebiet vorkommt, gegen Null – es sei denn, es handelt sich um eine sehr kleine Population mit nur wenigen Individuen. Dann kann es theoretisch sein, dass dem Kartierer stets die wenigen offen liegenden Tiere entgangen sind. Mit dieser einfachen Methode der Sichtbeobachtung und Eintragung von Anzahlen und (bevorzugten) Standorten der

Tiere in lokale Karten lassen sich – wenn man die Beobachtungen in gleicher Weise über mehrere Jahre fortsetzt – immer genauere Aussagen über den Status einer Population, gegebenenfalls auch über Standortveränderungen, eventuell auch abnehmende Qualität eines Lebensraumes (z. B. durch Verbuschung), sich daraus ergebende Pflegemaßnahmen usw. treffen. Allerdings sei einschränkend gesagt, dass der Erfolg dieser Methode nicht zuletzt von der Erfahrung des Beobachters/Kartierers und der Witterung abhängt, wobei letztere für die Aktivität der Tiere entscheidend ist. Hinzu kommen unterschiedliche Standortbedingungen in unterschiedlichen Lebensräumen der Tiere. Diese drei genannten Faktoren führen oftmals zu einer hohen Varianz der Kartierungsergebnisse (HACHTEL, SCHMIDT et al. 2009).
Wenn es eher um Vergleichbarkeit zwischen bestimmten Eidechsenpopulationen an unterschiedlichen Orten geht, muss man systematischer arbeiten. Dazu bietet es sich an, sogenannte Transsekte abzustecken, also definierte Wegstrecken in vergleichbaren Lebensräumen der jeweiligen Population, die zu bestimmten Zeiten und während einer bestimmten Zeitdauer abgegangen bzw. abgesucht werden (HACHTEL, SCHMIDT et al. 2009).
Einen Sonderfall bezüglich der Nachweisführung stellt die Blindschleiche dar. Sie gehört zu den Reptilienarten, die man per Sichtbeobachtung kaum oder gar nicht verlässlich nachweisen kann. Hier greift man auf eine Methode zurück, die zuerst im englischsprachigen Raum entwickelt und durchgeführt wurde (z. B. READING 1997), seit etwa der 1990er Jahre aber auch hier in Deutschland zunehmend im Einsatz ist (z. B. MUTZ & GLANDT 2004). Die Rede ist von künstlichen Verstecken, die man im potentiellen Lebensraum der Blindschleiche ausbringt und dann regelmäßig kontrolliert. Rein praktisch eignen sich dafür z. B. hölzerne Schaltafeln (150 x 50 cm) aus dem Baumarkt, (Profil-)Bleche in ähnlichen Maßen, Bitumenwellplatten, aber auch Tondachpfannen oder Stücke von PVC-Folie (vgl. ZAHN 2001). Wesentlich ist, dass sich diese Platten, Bleche oder Folien schnell erwärmen (ergänzend kann zur schnelleren Erwärmung ein Teil der Platte schwarz gestrichen werden) und als Versteck einen Anreiz für die Reptilien bieten. Sie werden in einer gewissen Anzahl (20 Stück pro Gebiet wäre schon ein Richtwert) im betreffenden

Gebiet an Stellen ausgebracht, wo einerseits mehrere Stunden am Tag Sonneneinstrahlung zu erwarten ist und sie andererseits nicht so exponiert an den Wegrändern liegen, dass sie jedem Spaziergänger sofort ins Auge fallen. Diese künstlichen Verstecke werden zur Nachweisführung diverse Male im Jahr kontrolliert (d. h. kurz hochgehoben) und die darunter angetroffenen Reptilienzahlen – ggf. alters- und geschlechtsspezifisch – erfasst. Man wird, so ist in der Literatur zu lesen, hin und wieder auch Eidechsen unter diesen Platten oder Folien finden (vgl. HACHTEL, SCHMIDT et al. 2009), aber diese Nachweismethode ist die eigentliche Methode der Wahl zum Nachweis von Blindschleichen (sowie Ringelnattern, Schlingnattern und Kreuzottern, wo sie noch oder sympatrisch mit der Blindschleiche vorkommen). In einer größer angelegten Studie im Kottenforst bei Bonn sind lediglich 2 % aller Blindschleichennachweise über Sichtbeobachtungen gelungen, derweil 98 % der Tiere unter diesen künstlichen Verstecken nachgewiesen wurden (HACHTEL, SCHMIDT et al. 2009). Die Experten streiten sich noch darüber, mit welcher Art der künstlichen Verstecke die besten Ergebnisse erzielt werden, aber grundsätzlich ist die Anwendung dieser Methode für die Blindschleiche eindeutig zielführend (BROCKSIEPER et al. 2008).

An dieser Stelle darf allerdings der Hinweis nicht fehlen, dass das Ausbringen solcher künstlichen Verstecke (wahrscheinlich) rein rechtlich einen Eingriff in die Landschaft darstellt und – zumindest bei größeren und „offiziellen" Vorhaben – genehmigungspflichtig ist (Untere Landschaftsbehörde, Ordnungsamt, Umweltamt o.ä.). Dann werden diese Platten üblicherweise auch mit Aufklebern versehen, aus denen hervorgeht, wozu sie dienen, wer sie ausgelegt hat und wer gegebenenfalls Ansprechpartner für die betreffende Untersuchung ist – dies alles versehen mit der Bitte, die Platten möglichst unbehelligt an den jeweiligen Standorten zu belassen, um das Projekt nicht zu gefährden. Eine dritte Methode zum Nachweis von Reptilien ist die Befragung von ausgewählten Personen, ob z. B. in deren Hausgärten oder deren Wohnumgebung bestimmte Arten gelegentlich gesichtet wurden (vgl. SCHULTE & THIESMEIER 2009). Diese aus den Sozialwissenschaften stammende Methode setzt allerdings voraus, dass die befragten Personen überhaupt in der

Lage sind, die betreffenden Arten zu (er-)kennen. Bei uns im Ruhrgebiet beispielsweise, wo nicht „an jeder Straßenecke" Reptilienvorkommen zu finden sind und manch ein Anwohner nie im Leben eine Zaun- oder Waldeidechse gesehen hat, werden auch schon einmal kleine wandernde Teichmolche für (gerade geschlüpfte) Eidechsen und Blindschleichen für (wahrscheinlich höchst gefährliche) Schlangen gehalten. Das ist in Gegenden, in denen die Arten noch regelmäßig vorkommen und man seit Kindheit mit ihnen aufgewachsen ist, wahrscheinlich anders. Das soll heißen, dass das Instrument der Befragung nur sehr gezielt eingesetzt werden kann. Man befrage also zunächst die „Fachleute": Förster, Mitglieder von Naturschutzgruppen, Landschaftsplaner, Öko-Gutachter usw. Wenn man die Vermutung hat, dass in einem bestimmten Gebiet eine Art vorkommt (oder dort bereits das eine oder andere Exemplar gesichtet wurde), kann man Wurfsendungen an alle dortigen Anwohner verteilen, ein Foto der „gesuchten" Art beifügen und um Hinweise oder gar Belegfotos bitten. Viele Menschen haben ihr Handy oder Smartphone ständig greifbar und können somit leicht zur Dokumentation ein Foto von einem beobachteten Tier erstellen.
Wir haben diese Methode angewendet, um nähere Informationen über eine kleine und wahrscheinlich zum Aussterben verurteilte Blindschleichenpopulation am Stadtrand von Duisburg/Oberhausen zu erlangen. Dazu wurde eine Wurfsendung an alle Anwohner eines bestimmten Straßenabschnittes verteilt, in deren Garten noch geeignete Strukturen für die Tiere vorhanden sind, mit der Bitte um Anruf, falls einmal (beim Umsetzen des Komposthaufens oder bei anderen Gartenarbeiten), ein Exemplar gesichtet würde. Daraufhin wurden wir immerhin zweimal im Abstand mehrerer Tage von einer Dame angerufen, die zwei unterschiedliche adulte Exemplare nicht nur gesichtet, sondern auch gleich in einem Eimer gefangen hatte, so dass wir das jeweilige Tier gleich selber anschauen und fotografieren konnten (LANTERMANN & LANTERMANN 2006b).

Schließlich stellt sich noch die Frage nach der individuellen Erkennung bzw. Wiedererkennung von Reptilien. Dies ist zum einen mit der Fang-Wiederfang-Methode möglich. Gefangene Individuen werden (z. B. mit kleinen

Nagellackflecken) individuell gekennzeichnet und können beim Wiederfang identifiziert werden. Auch lassen sich Fotodokumentationen der Tiere anlegen. Entweder, wenn man sie beim Fang in der Hand hält oder auch durch direkte Fotografie im Gelände. Letzteres ist aber in der Regel nur möglich (und später mit der Fotodatei abgleichbar), wenn die Tiere frei sitzen und z. B. das Rückenmuster einwandfrei erfasst werden kann. Bezüglich der Methoden zur individuellen Erkennung von Eidechsen durch Fotodokumentation sei auf die Arbeiten von MÄRTENS & GROSSE (1996) für die Zauneidechse sowie SCHMIDT-LÖSKE (1996) für die Mauereidechse hingewiesen.

Die professionellen Herpetologen arbeiten auch gelegentlich mit der sogenannten „Squeeze-Box“. Das ist eine durchsichtige, flache Dose, in der die gefangenen Tiere kurz fixiert werden, damit man z. B. die Zeichnungsmuster der Ober- oder Unterseite genauer betrachten und fotografieren kann (vgl. z. B. HENLE et al. 1997). Mit Hilfe der Zahl der Wiederfänge, die eben in der Regel nur anhand individueller Merkmale als solche identifiziert werden können, lassen sich – wie oben bereits ausgeführt – (mehr oder weniger genaue) Bestandsschätzungen von Eidechsenpopulationen vornehmen.

Zauneidechsen sind aufgrund ihrer unterschiedlichen Rückenzeichnung individuell unterscheidbar.

5 EIDECHSEN SCHÜTZEN – einige Artenschutzprojekte

ABGESEHEN VON WALDEIDECHSE UND BLINDSCHLEICHE SIND DIE EIDECHSEN IN DEUTSCHLAND IN DREI GEFÄHRDUNGSKATEGORIEN EINGETEILT, UND ZWAR SIND SIE VOM AUSSTERBEN BEDROHT (ÖSTLICHE SMARAGDEIDECHSE), STARK GEFÄHRDET (WESTLICHE SMARAGDEIDECHSE) ODER STEHEN AUF DER VORWARNLISTE (ZAUNEIDECHSE, MAUEREIDECHSE).

Aber auch von den beiden derzeit noch nicht bedrohten Arten stehen viele (Klein-) Populationen unter starkem Druck durch Landwirtschaft, Biozideinsatz, Lebensraumveränderung, -verkleinerung und -vernichtung, durch Isolation, durch „Flurbereinigung" einerseits und Verbuschung geeigneter Lebensräume andererseits und nicht zuletzt auch aufgrund von Beeinträchtigungen durch Tourismus oder gar durch das Wegfangen von Tieren für die Terrarienhaltung.
Welche Möglichkeiten hat der „Otto-Normal-Verbraucher", um sich am Schutz der heimischen Eidechsenfauna zu beteiligen? Auf den ersten Blick ergeben sich aus unserer Sicht drei große Linien des Eidechsenschutzes für den „Normalbürger".

Wer einfach nur „Eidechsenfan" ist und sich an bestimmten größeren oder kleineren Naturschutzprojekten beteiligen möchte, kann dies in der Regel durch ehrenamtliche Arbeit und/oder finanzielle Zuwendungen tun. Die örtlichen Naturschutzgruppen (oftmals als Ortsgruppen des NABU, des BUND oder der DGHT) haben in der Regel laufende Naturschutzprojekte in der Umgebung, die auch oder besonders den Amphibien und Reptilien gewidmet sind. Man denke nur an die vielen engagierten Krötenschützer, die alljährlich Fangzäune für wandernde Amphibien aufbauen, kontrollieren und später wieder abbauen. Auf diese Weise wird sich auch relativ leicht ein Eidechsenprojekt finden lassen, bei dem freiwillige Helfer gesucht werden, die regelmäßig bestimmte Gebiete kartieren oder zumindest erfahrenen Feldherpetologen dabei helfen. Nicht selten ziehen die Erkenntnisse aus diesen Kartierungen auch Schutzprojekte nach sich, etwa die „Umleitung" von Reitwegen oder Hundetrassen an bekannten Eidechsenvorkommen vorbei, die Einzäunung von Kernzonen, die Freihaltung bestimmter Gebiete von Verbuschung oder die Information der Öffentlichkeit mit der Bitte um adäquates Verhalten in der Nähe solcher Populationen. In aller Regel werden für solche Projekte auch Geldmittel benötigt, die (bei den zuvor genannten Verbänden sogar steuerbegünstigt) eingezahlt werden können. Meist wird man mit seiner Zuwendung eine Zweckbestimmung verbinden, damit das Geld für ein ganz bestimmtes Projekt, das einem persönlich am Herzen liegt, aufgewendet wird.
Ein kleines und kostengünstiges Artenschutzprojekt konnten wir vor einigen Jahren selber in einem öffentlichen lichten Waldgebiet in Hünxe (Kreis Wesel) realisieren. Dort haben wir seit Jahren eine kleine Zauneidechsenpopulation „unter Beobachtung". Die Alttiere hatten ihr „Verbreitungszentrum" rund um ein größeres Brombeergebüsch, an deren Rändern sich die Tiere üblicherweise sonnten und in deren Dickicht sie sich bei Beeinträchtigung und Gefahr zurückzogen. Beeinträchtigungen dieser Population gingen hauptsächlich von Hunden und ihren Besitzern und von Reitern aus. Beide Gruppen streiften oder ritten unmittelbar an diesem Brombeergebüsch vorbei, an manchen schönen Tagen so zahlreich, dass die Eidechsen dauerhaft beeinträchtigt wurden und kaum noch zum Sonnen herauskamen.

Wir informierten daraufhin den zuständigen Revierförster, der bis zu diesem Zeitpunkt noch gar keine Kenntnis von der Existenz dieser Zauneidechsenpopulation hatte. Er handelte dann unbürokratisch schnell und zog weitläufig einen Wildschutzzaun um das besagte Brombeergebüsch, wodurch zumindest für eine gewisse Zeit Hunde und Reiter einen größeren Bogen um das Gebiet machen mussten. In den nächsten beiden Jahren hielten wir das Brombeergebüsch durch Rückschnitt etwas im Zaum, so dass die Sonnenplätze der Eidechsen frei blieben. Ab dem dritten Jahr waren dann zwei Veränderungen zu beobachten: zum einen wurde der Zaun zunehmend (von Spaziergängern, Kindern, Jugendlichen?) niedergetreten, zum anderen zeigten sich immer weniger adulte Zauneidechsen in diesem Bereich. Genauere Untersuchungen der näheren Umgebung erbrachten schließlich den Befund, dass sie ihr Hauptaufenthaltsgebiet um knappe 100 Meter an einen anderen Ort jenseits des Fußgänger/Reitweges verlegt hatten (LANTERMANN & LANTERMANN 2006a). So gesehen ist fraglich, welchen Erfolg unser Projekt letztlich hatte. Allerdings spiegelt sich hier eines der Hauptprobleme des Artenschutzes: Wenn Projekte auf öffentlichen Flächen durchgeführt werden, besteht immer die Gefahr des Scheiterns aufgrund von Ignoranz, Unkenntnis oder Vandalismus durch bestimmte Bevölkerungsgruppen.

Wer dagegen geeignete Ländereien, Waldgebiete, landwirtschaftliche Flächen oder gar ein Heidegebiet sein eigen nennt, ist ganz besonders gefordert, wenn Blindschleichen- oder Eidechsenpopulationen auf seinen Grundstücken heimisch sind. Er hat dann nämlich viele Möglichkeiten zum dauerhaften Schutz der Tiere (und vieler weiterer Tier- und Pflanzenarten im gleichen Gebiet) beizutragen, indem er a) bestimmte Flächen nur noch extensiv bewirtschaftet, b) jeglichen Biozideinsatz selber unterlässt und ggf. bei den Pächtern seiner Landwirtschaftsflächen untersagt, c) sogenannte „Flurbereinigungen" unterlässt und Landschaftskorridore zur Vernetzung von Kleinpopulationen anlegt bzw. bestehen lässt, d) bestimmte Teilgebiete von Verbuschung freihält usw. All diese Dinge sind in der Regel relativ leicht zu realisieren und verursachen kaum Kosten, man muss sie nur wollen bzw. tun und bereit sein, in gewissen Bahnen ein wenig umzudenken. Aber auch für den Besitzer von kleineren Grundstücken oder größeren Gärten gibt es mannigfaltige Möglichkeiten, die Lebensbedingungen der heimischen Fauna nachhaltig zu unterstützen – auch und besonders, wenn Amphibien- und Reptilienvorkommen im Garten oder in seiner unmittelbaren Nähe beheimatet sind. Das Erfolgsrezept dabei heißt schlicht und einfach: Naturgarten! Zwar gibt es zum Thema Naturgarten ganz unterschiedliche Definitionen und Vorstellungen der Gartenbetreiber. Aber allen gemeinsam ist, dass einige Grundprinzipien des (naturnahen) Gärtnerns eingehalten werden. Dazu gehören zunächst bestimmte Maßnahmen bei der Gartenpflege: Dabei gilt in der Regel: weniger ist mehr. Weniger oft Rasenmähen (auf manchen Flächen ggf. nur zweimal jährlich), weniger Wildkraut jäten, weniger Laub abharken usw. Stattdessen bietet sich die extensive Mahd von Grünflächen an. Das Schnittgut wird zum Aussamen der darin enthaltenen Kräuter und Wildblumen zunächst liegen gelassen, später auf den Beeten verteilt, um die Erde darunter locker (und einigermaßen wildkrautfrei) zu halten. Dem aufkeimenden Wildkraut wird Einhalt geboten durch Abdeckung der freien Beetflächen mit (ökologisch gewonnenem) Rindenmulch oder eben Rasenschnitt. Das im Herbst anfallende Laub wird überwiegend auf die Beete geharkt, bei nicht allzu stark belaubten (Rasen-)Flächen auch liegen gelassen und nur bei bestimmten Baumarten (z. B. bei dem Gerbsäure enthaltenden Walnussbaumlaub) zusammengeharkt und möglichst (gesondert) kompostiert. Ein Komposthaufen gehört zum wichtigen Inventar eines Naturgärtners. Hier kann vieles Material aus dem Garten (Obstbaumschnitt, Rasenschnitt, z. T auch Laub) natürlich verrotten und wird später zu wertvoller Gartenerde. Wichtig sind eine gute Durchmischung der Materialen (damit der Kompost nicht fault) und eine Wartezeit von mindestens einem, besser zwei oder drei Jahren. Bessere und nährstoffreichere Erde als Kompost gibt es nicht. Mann kann ihn als Dünger für Gemüsebeete und Obstbäume für Kräuterecken und Wildsträucherhecken verwenden. Apropos Dünger: Auf jegliche Form von Kunstdünger, Spritzmittel, Biozide usw. verzichtet der Naturgärtner und wendet stattdessen Pflanzenjauche (z. B. aus Brennnessel, Beinwell oder Ackerschachtelhalm) als biologischen Pflanzenschutz

Totholzhaufen ...

und Trockenmauern sind als Lebensraum für diverse Reptilien- und Amphibienarten geeignet und lassen sich auch in privaten Gärten leicht anlegen.

an, wenn bestimmte Pflanzen allzu sehr von tierischen „Schädlingen" oder einem Pilz beeinträchtigt werden. Soweit einige Hinweise zum Thema Naturgartenpflege. Im Bereich der Anlage oder des Ausbaues von Naturgärten sind bestimmte Maßnahmen möglich und sinnvoll, die die Gartenflora und -fauna unterstützen können. Dazu zählen die Anlage von Amphibienteichen (ohne Fischbesatz!), von Trockenmauern, Wildsträucherhecken, Wildblumenwiesen, Totholzhaufen, Insektenhotels, Nistgelegenheiten und Futterstellen für Wildvögel und vieles andere mehr, das im Rahmen dieses Buches nur gestreift werden kann. Unter den vielen Veröffentlichungen zum Thema verweisen wir auf zwei Bücher der Verfasser zum Thema (LANTERMANN & LANTERMANN 2008b, 2010a).

All diese und viele weitere Maßnahmen sind in der Regel leicht und kostengünstig zu realisieren und unterstützen viele Tiergruppen, die im Garten vorkommen, z. B. Igel, Kröten, Frösche, Molche, Zauneidechsen und Blindschleichen (sofern sie im Umfeld des Gartens vorkommen) sowie eine oftmals reiche Vogelfauna. Allein in unserem naturnah gepflegten Ruhrgebietsgarten am Stadtrand von Oberhausen haben wir mittlerweile 5 Amphibienarten (LANTERMANN & LANTERMANN 2013) und über 30 Vogelarten als regelmäßige Brut-, Wintervögel oder Durchzügler registriert (LANTERMANN & LANTERMANN 2008b). Die Einwanderung von Reptilien lässt allerdings noch auf sich warten und wird gegenwärtig durch das Betreiben mehrerer Freilandterrarien im Garten „kompensiert" (vgl. Kapitel 10.2).

Ein bemerkenswertes Beispiel dafür, was man als Privatpersonen für den Erhalt bzw. nachhaltigen Schutz von Lebensräumen für Tiere und Pflanzen erreichen kann, ist ein Projekt von Renate und Gerhard Freundt im Diersfordter Wald (Kreis Wesel). Die Freundts kauften 1990 im Diersfordter Wald in der Nähe von Wesel-Flüren einen bis dahin extensiv bewirtschafteten Sandacker von 11.000 m² Größe, zäunten ihn ein und gestalteten ihn im Laufe der Jahre mit 2.000 heimischen Wildsträuchern, einer 7.500 m² großen Wildwiese, zwei Tonteichen, einem 450 m² großen Trockenbereich, einer 65 m langen Natursteinmauer, einzelnen Bäumen sowie Totholz- und Steinhaufen zu einer strukturreichen Fläche um – und harrten der Dinge, die da kommen sollten. In einer zusammenfassenden Darstellung berichten Freundts dann 2012 über die Entwicklung dieses Biotops. Zu diesem Zeitpunkt waren dort bereits 117 Arten Schwebfliegen, 15 Arten Wegwespen, 23 Arten Faltenwespen, 74 Arten Pflanzenwespen, 9 Arten Goldwespen, 58 Arten Grabwespen, 127 Arten Wildbienen und 26 Arten Tagfalter nachgewiesen, viele davon waren Erstnachweise oder Wiederfunde für Nordrhein-Westfalen. Auch stellten sich bald, bedingt durch die Waldrandlage, die ersten Waldeidechsen ein. Das persönliche Highlight für die „Ackerbesitzer" war dann aber knapp drei Jahre nach Fertigstellung ihrer privaten Naturschutzfläche (Mitte 1992) die Einwanderung der ersten Zauneidechsen. Seither begegneten ihnen immer wieder einmal Tiere in ihrem Biotop, und die Freundts wollten irgendwann genauer wissen, wieviele Individuen sich mittlerweile auf ihrem Grundstück eingefunden hatten, für wie viele Tiere das Nahrungsangebot auf der Fläche reichen würde und anderes mehr. Erst 2010 erfuhren sie dann von der Methode der Wiedererkennung von Zauneidechsen durch fotografische Dokumentation anhand ihres individuellen Rückenmusters (vgl. MÄRTENS & GROSSE 1996). Mit Hilfe einer geländetauglichen Digitalkamera machten die Freundts sich dann ans Werk und konnten mit der Zeit (nach etwa 65 Beobachtungstagen und unter Auswertung von mehr als 1.000 Fotos) 191 unterschiedliche Tiere registrieren, und zwar 22 adulte Männchen, 28 adulte Weibchen, 61 sudadulte Tiere und 80 Jungtiere. Mit Unterstützung eines befreundeten Wissenschaftlers untersuchten die Freundts dann die Mobilität der Tiere auf dem Gelände sowie die Habitatstrukturen und Raumnutzung der unterschiedlichen Altersklassen und sammelten phänologische Daten (Erst- und Letztbeobachtungen) zum jahreszeitlichen Aktivitätsmuster „ihrer" Zauneidechsen. Über ihre Beobachtungen und Untersuchungen haben die Freundts ausführlich publiziert, die Arbeiten an den Zauneidechsen sind in den Veröffentlichungen von FREUNDT, MÜLLER & FREUNDT (2011) sowie FREUNDT & FREUNDT (2012) dokumentiert.

Bei diesen wenigen Beispielen für privates bürgerschaftliches Engagement wollen wir es an dieser Stelle belassen. In der Literatur sind zahlreiche weitere Beispiele und Möglichkeiten aufgezeigt, wie man auch im kleinen privaten Rahmen sinnvolle Maßnahmen zum Schutz von Lebensräumen für die heimische Tier- und Pflanzenwelt durchführen kann.

6 HEIMISCHE EIDECHSENARTEN im Überblick

6.1 ZAUNEIDECHSE – *Lacerta agilis* (Linnaeus, 1758)

6.1.1 Aussehen und Biometrie

EIDECHSE MIT ETWAS GEDRUNGENER GESTALT, KURZEM KOPF UND STUMPFER SCHNAUZE. DIE GESAMTLÄNGE VON MEHR ALS 30 CM ERREICHEN NUR WENIGE ADULTE MÄNNCHEN, DIE MEISTEN TIERE BLEIBEN JEDOCH DEUTLICH KLEINER.

Die KRL (Körper-Rumpf-Länge) beträgt um 11,5 cm, die Schwanzlänge liegt zwischen 13 und 17 cm. Das Maximalgewicht für deutsche Zauneidechsen wird mit 18,6 g erreicht. Hinsichtlich der Färbung weist die Art einen deutlichen Unterschied zwischen den Geschlechtern auf, aber auch zwischen Alt- und Jungtieren. Hinzu kommt eine im Allgemeinen überhaupt sehr variantenreiche Färbung, die sich nur z. T. aus den verschiedenen Unterartenkennzeichen ergibt. Die adulten Männchen zeigen während der Paarungszeit eine grüne Körper-, Kopf- und Bauchseitenfärbung, Oberkopf, Rücken und Schwanz sind bräunlich. Die Weibchen sind überwiegend braun gefärbt, selten trifft man Exemplare mit grünen Kehlen an. Die Zeichnungsmuster des Rückens und der Flanken weisen unterschiedliche Anordnungen von

Flecken, Linien und Bändern auf, die so individuell sind, dass man daran die Identität der Exemplare sicher unterscheiden kann. Über die Körpermitte erstreckt sich bei vielen Exemplaren ein schmaler weißer Strich, der auch unterbrochen sein kann oder sich als Punktreihe darstellt. Nach der Paarungszeit zeigen sich die Männchen in allen Farben blasser und ähneln damit zunehmend den Weibchen. Auch die Jungtiere ähneln den Weibchen, allerdings sind die Farbkontraste weniger ausgeprägt. Die bekannteste Farbvarietät ist die sogenannte *Erythronotus*-Mutante, bei der bei beiden Geschlechtern die Oberseitenmitte und ein Teil der Schwanzoberseite rotbraun gefärbt und ungezeichnet sind. Diese Farbvariante tritt in Osteuropa und auch in Ostdeutschland deutlich häufiger auf als im Westen des Verbreitungsgebietes. In der Literatur wird weiterhin von gelegentlichen Funden von Schwärzlingen und flavistischen (d.h. weitgehend gelb gefärbten) Individuen berichtet (ELBING et al. 1996, GLANDT 2010, FREUNDT, MÜLLER & FREUNDT 2011).

Sehr kräftig gefärbtes Zauneidechsen-Männchen im Freilandterrarium.

6.1.2 Verbreitung

In der Literatur werden für die Zauneidechse bis zu 11 Unterarten genannt, deren Existenzberechtigung aber teilweise umstritten ist. In Deutschland kommt neben der Nominatform (*Lacerta a. agilis*) am östlichen Rand noch die ebenfalls umstrittene Unterart *Lacerta a.argus* vor, die sich durch eine regelmäßiger angeordnete Rückenzeichnung von der Nominatform unterscheiden soll (GLANDT 2010). Das Gesamtverbreitungsgebiet der Zauneidechse erstreckt sich von Süd-England und Frankreich im Westen, Süd-Skandinavien im Norden und Zentral-Griechenland im Süden, und bis zur Südspitze des Baikalsees in Sibirien im Osten. In Deutschland ist die Art fast durchgängig im ganzen Land verbreitet, allerdings sind die Nachweisdichten in manchen Gebieten – abhängig von den naturräumlichen Gegebenheiten (und den Kartierungslücken) – unterschiedlich hoch. Dennoch ist sie die häufigste Eidechsenart im Bundesgebiet.

6.1.3 Lebensräume und Nahrung

Die Zauneidechse gilt als eine ursprünglich Waldsteppen bewohnende Reptilienart (BISCHOFF 1984), die durch die nacheiszeitliche Wiederbewaldung zunächst zurückgedrängt wurde, dann aber durch anthropogene Eingriffe (Waldrodung, Extensivierung der Landwirtschaft) wieder neue Lebensräume

Zauneidechsen-Männchen mit breitem braunen Rückenstreifen im Freiland.

erschließen konnte (ELBING, GÜNTHER & RAHMEL 1996). Mittlerweile hat jedoch die Intensivierung der Landnutzung (Aufforstungen, Nutzungsintensivierung von Landwirtschaftsflächen, Bebauung, Einsatz von Pestiziden) wieder zu einem Rückgang der Zauneidechse auf Saum- oder Restflächen geführt (HARTUNG & KOCH 1988). Dünengebiete, Heiden, Halbtrocken- und Trockenrasen, Waldränder, Feldraine, sonnenexponierte Böschungen aller Art, Abbaugruben, Abraumhalden, Hausgärten, sowie Siedlungs- und Industriebrachen bilden die bevorzugten Lebensräume der Zauneidechse. Diese Vielzahl der naturnah bzw. anthropogen gestalteten Habitate weist die Art demzufolge als euryök und vielfach sogar als „Kulturfolger" aus (HARTUNG & KOCH 1988). ELBING, GÜNTHER & RAHMEL (1996, Seite: 546) fassen das Habitatschema der Zauneidechse folgendermaßen zusammen: Sonnenexponierte Lage; lockeres, gut drainiertes Substrat; unbewachsene Teilflächen mit geeigneten Eiablageplätzen; spärliche bis mittelstarke Vegetation; Vorhandensein von Kleinstrukturen wie Steine, Totholz etc. als Sonnenplätze.

Trächtiges Zauneidechsen-Weibchen.

Zauneidechsen sind überwiegend carnivor, d. h. sie ernähren sich von lebenden Insekten und anderen Wirbellosen. Käfer, Heuschrecken und Grillen, Zikaden, Schmetterlinge und Spinnen bilden die Hauptgruppen der Beutetiere. Aber auch potentiell gefährliche Beutetiere wie Wespen, Bienen und Feuerwanzen wurden bei Magenanalysen gefunden. Auf einen gelegentlichen Kannibalismus gegenüber eigenen und fremden Jungtieren wurde bereits zuvor hingewiesen (BISCHOF 1984, ELBING, GÜNTHER & RAHMEL 1996).

Wenige Tage altes Zauneidechsen-Jungtier.

6.1.4 Jahresrhythmus

Die jahreszeitlichen Aktivitäten der Zauneidechsen hängen in erheblichem Maße von der Witterung und Temperatur, aber auch von der geographischen Breite des Beobachtungsortes ab. Wollte man ein durchschnittliches Bild von der Phänologie der Zauneidechse zeichnen, ergäbe sich etwa folgendes Zeitschema: Die Aktivitätsphase beginnt bei günstiger Witterung bereits Ende Februar oder Anfang März, meist aber nicht vor Anfang April. Nach BISCHOFF (1984) verlassen zuerst die vorjährigen Jungtiere, dann die adulten Männchen und dann die Weibchen ihre Winterquartiere. Bereits Mitte April – nach der Frühjahrshäutung – beginnen die Paarungsaktivitäten, die sich noch bis in den Juni hinziehen können. Die Eiablage erfolgt meist Mitte Juni/Anfang Juli. Die Jungtiere schlüpfen dann entsprechend zwischen Ende Juli und September – je nach Eiablagezeitpunkt. Nach beendeter Herbsthäutung ziehen sich die adulten Tiere bereits ab Ende September bzw. Anfang Oktober wieder in ihre Winterquartiere zurück, derweil ein größerer Teil der Schlüpflinge noch bis Mitte Oktober aktiv bleibt (ELBING, GÜNTHER & RAHMEL 1996).

6.1.5 Fortpflanzung

Nach der Frühjahrshäutung, etwa Ende April/Anfang Mai, beginnen die Paarungsaktivitäten der Tiere, wobei zunächst die Männchen vor den Weibchen Imponierverhaltensweisen zeigen. Das Männchen verbeißt sich danach in den Schwanz des Weibchens. In dieser Position bewegen sich die Tiere als „Paarungsmarsch" eine Zeitlang vorwärts, währenddessen sich das Männchen zur Flanke des Weibchens vorarbeitet. Nun legt es ein Hinterbein über die Schwanzwurzel des Weibchens und vollzieht mit einem Hemipenis die Begattung, die in der Regel zwischen 2 und 10 Minuten dauert (GLANDT 2010). Kurz nach der Paarung ist schon eine deutliche Umfangszunahme des

Weibchens sichtbar, die Ablage der durchschnittlich 5–10 Eier erfolgt etwa 8–10 Tage nach der Paarung. Dazu gräbt das Weibchen mit dem Kopf und den Vorderbeinen ein mehrere Zentimeter tiefes Loch in lockeres Substrat (z. B. Sand) legt die Eier hinein und scharrt das Loch wieder zu. Hier bleiben die Eier dann sich selbst überlassen und werden durch die Umgebungswärme ausgebrütet. Die Eizeitigung ist abhängig von der Außentemperatur und liegt nach den wenigen vorhandenen Daten aus dem Freiland zwischen 53 und 73 Tagen. Die Jungen schlüpfen – je nach Beginn der Eiablage und der Umgebungstemperatur – noch im Juli, meist aber im August oder September. Sie sind dann etwa 6 cm groß, äußerst flink und können schon nach ganz kurzer Zeit selbständig Futtertiere erbeuten und für sich selber sorgen(ELBING, GÜNTHER & RAHMEL 1996).

6.1.6 Vergesellschaftungen

Es wurden bislang in Deutschland – je nach Region und Lebensraum – Vergesellschaftungen der Zauneidechse mit Waldeidechsen, Mauereidechsen, Östlichen Smaragdeidechsen und Blindschleichen sowie Kreuzottern, Schlingnattern und Ringelnattern nachgewiesen. Sympatrische Populationen von Zaun- und Waldeidechsen im nordwestdeutschen Tiefland wurden von GLANDT (1979) genauer untersucht.

6.1.7 Beutegreifer, Gefährdung und Status

Zu den Prädatoren der Zauneidechse zählen vor allem Greifvögel und Rabenvögel, aber auch Amseln, Stare und Fasanen, darüber hinaus auch Kleinsäuger wie Igel, Marder und Wiesel. Auch streunende Hauskatzen sollen eine nicht zu unterschätzende Rolle als Beutegreifer spielen. Die Jungtiere sind in einem gewissen Maße vom Kannibalismus adulter Tiere betroffen (GLANDT & BISCHOFF 1988). Zwar gilt die Zauneidechse neben der Blindschleiche als am weitesten verbreitete und häufigste Eidechse in Deutschland. Dies darf jedoch nicht darüber hinweg täuschen, dass ihre Gefährdungssituation in unterschiedlichen Regionen Deutschlands sehr unterschiedlich ist. So gilt sie nach der aktuellen Roten Liste in bereits vier Bundesländern als „stark gefährdet" und in sieben als „gefährdet". Die Gefährdungsursachen sind dagegen in fast allen Bundesländern die gleichen: Zerstörung, Veränderung oder Verkleinerung ihrer Lebensräume durch anthropogene Maßnahmen, wie Straßenbau, Ausweitung von Landwirtschaftsflächen – letzteres oft auch in Verbindung mit Biozideinsatz. Hinzu kommt einerseits die vielerorts durchgeführte „Flurbereinigung", wodurch Kleinstrukturen und -biotope wegfallen. Auch das „Auflassen" von geeigneten Standorten und in der Folge Verbuschung, ggf. auch Nutzungsintensivierung und sogar Aufforstung ziehen in der Regel den Verlust von Eidechsenpopulationen nach sich (ELBING, GÜNTHER & RAHMEL 1996).

6.1.8 Schutzmaßnahmen

Schutzmaßnahmen müssen somit zunächst auf die Sicherung noch vorhandener Lebensräume abzielen, also Kleinstrukturen mit Versteckplätzen, Eiablageplätzen und Sonnenplätzen müssen möglichst erhalten werden. Auch eine (weiterhin) extensive Bewirtschaftung bestimmter Flächen ist ebenso anzuraten wie das Freihalten bekannter Eidechsenstandorte von Verbuschung und Aufforstung, z. B. in Weinbergen, auf größeren Waldlichtungen, Schafweiden, an Wegböschungen und auf Magerrasenflächen. So können z. B. Bahndämme mit ihren sich leicht erwärmenden Schotterschüttungen einerseits sehr geeignete Lebensräume (und Ausbreitungstrassen) für Zauneidechsen darstellen, während dann nach deren Nutzungsaufgabe aber andererseits Probleme durch Verbuschung der Strecken auftreten und regelmäßige

Auch Amseln gehören zu den Beutegreifern von jungen Zauneidechsen.

Pflegemaßnahmen erforderlich machen können (ELBING, GÜNTHER & RAHMEL 1996, GLANDT 2010). Weiterhin weist GLANDT (2010) auf die Gefahr einer fortschreitenden Fragmentierung der Landschaft durch die zunehmende Straßendichte hin, wodurch Schutzbemühungen auch auf eine Vernetzung regionaler Eidechsenbestände ausgerichtet sein müssen.

6.1.9 Beobachten, Kartieren, Fotografieren

An bekannten Standorten lassen sich Zauneidechsen etwa ab Mitte März/ Anfang April zuverlässig beobachten. Bei einer so weiträumig verbreiteten Art findet man bei geeigneter Witterung aber auch hier und dort „neue" Kleinpopulationen bei Exkursionen in geeignete Lebensträume, deren genauere Beobachtung durchaus lohnenswert sein kann. Im Frühjahr, kurz nach der ersten Häutung, sind Männchen und Weibchen schon auf eine gewisse Entfernung leicht zu unterscheiden und können dann auch entsprechend kartiert bzw. gezählt werden. Weniger auffällig sind die letztjährigen Jungtiere, die im Frühjahr immer noch die „Tarnfärbung" der Weibchen tragen und zunächst hauptsächlich bei Bewegungen bzw. beim Weghuschen registriert werden. Aber mit der Zeit bekommt man auch für sie einen Blick und kann deren Standorte und Anzahlen dann der Datensammlung hinzufügen. Wer das Glück hat, in Wohnortnähe eine oder mehrere Zauneidechsenpopulationen zu kennen, kann sich auch als Amateurforscher betätigen und diese Population(en) mehrfach im Jahr bei geeigneter Witterung aufsuchen und alle Beobachtungen und Besonderheiten, vor allem die jahreszeitlichen Aktivitätsmuster, bestimmte Verhaltensweisen, Standortveränderungen, den Schlupf der Jungtiere usw. dokumentieren. Dadurch entsteht – auch über mehrere Jahre hinweg – ein immer vollständiger werdendes Bild der Biologie, Ökologie und Ethologie dieser beobachteten Population(en). Adulte Zauneidechsen sind an ihren individuellen Zeichnungsmustern zu unterscheiden. Wer also eine intensive Fotodokumentation innerhalb einer Population betreibt, wird mit der Zeit eine (zunehmende) Anzahl von Individuen unterscheiden können (SCHAPER 1992, MÄRTENS & GROSSE 1996).

Zauneidechsen sind, wie gesagt, recht leicht zu beobachten und mit entsprechender Ausrüstung, Vorsicht und Geduld auch relativ leicht zu fotografieren. Zahlreiche gute bis sehr gute Fotos in der Fach- und Amateurliteratur zeugen davon, dass sie nicht nur für ausgewiesene Naturfotografen gern porträtierte Fotoobjekte sind.

6.2 Westliche Smaragdeidechse – *Lacerta bilineata* (Daudin, 1802)

Adulte Westliche Smaragdeidechse im Freilandterrarium.

6.2.1 Aussehen und Biometrie

Die maximale Länge von „deutschen" Westlichen Smaragdeidechsen liegt unter 40 cm, ihr Gewicht vermutlich kurz oberhalb von 40 Gramm, aber verlässliche Daten aus dem Freiland fehlen offenbar bislang. Alttiere zeigen ein leuchtendes Smaragdgrün als Grundfärbung, die durch dunkle Punkt- oder Fleckenzeichnung auf der Körperoberseite unterbrochen wird. Letztere sind bei den Männchen eher kleiner und zahlreicher als bei den Weibchen, die eher weniger und größere Fleckenmuster aufweisen. Bei den adulten Weibchen scheinen oftmals noch zwei bzw. vier Längsstreifen durch, die für junge und sudadulte Weibchen charakteristisch sind, sich im männlichen Geschlecht aber bald (und meist vollständig) verlieren. Hals-, Kopfseite und

Kopfunterseite sind bei den Männchen hellblau bis bläulich-grün, diese Färbung intensiviert sich in der Paarungszeit. Weibchen sind in diesen Bereichen ähnlich, aber deutlich blasser gezeichnet. Jungtiere sind beim Schlupf etwa 80–90 mm lang, hell beige-braun gefärbt und tragen mehr oder weniger deutlich erkennbare weißliche Längsstreifen (RYKENA et al. 1996a). Mehrfach sind melanistische Tiere aus dem Freiland beschrieben worden, und in einem Fall auch hellblaue Tiere in einer Zucht, die auf eine Gen-Mutation zurückgehen dürften (EICHENBERGER 1981).

6.2.2 Verbreitung

Die Westliche Smaragdeidechse ist über große Teile Westeuropas vom Nordrand der Iberischen Halbinsel in Spanien über große Teile Frankreichs südlich über ganz Italien bis einschließlich Sizilien und östlich bis zur kroatischen Insel Kres verbreitet. Die Vorkommen auf den britischen Kanalinseln Jersey und Guernsey gehen möglicherweise auf Ansiedlungen zurück (GLANDT 2010).

In Deutschland ist die Art nur noch reliktartig auf sechs Siedlungsinseln beschränkt. Vier davon liegen in Rheinland-Pfalz, wo das mittlere Rheintal zwischen Boppard und der Lahnmündung sowie die Hänge der unteren Mosel und der Nahe besiedelt werden (RYKENA et al. 1996a). Erst 2003 wurde darüber hinaus nach etwa 150 Jahren wieder ein Smaragdeidechsen-Nachweis für das mittlere Lahntal in Hessen erbracht (HENF & ALFERMANN 2004). Die lange bekannten Smaragdeidechsen-Populationen am Kaiserstuhl in Baden-Württemberg, die lange zu *L. bilineata* gerechnet wurden (FRITZ & SOWIG 2007), werden nach neueren molekularbiologischen Untersuchungen inzwischen von einigen Autoren zu *L. viridis* gezählt und würden somit als ursprünglich angesiedelt gelten müssen (JOGER et al. 2006).

6.2.3 Lebensräume und Nahrung

Südexponierte Hanglagen sind der bevorzugte Lebensraum von Westlichen Smaragdeidechsen, wobei weniger die besonders heißen und trockenen Gebiete, als eher die etwas frischeren und feuchteren Zonen der entsprechenden Hänge besiedelt werden (BÖKER 1992). Ränder von Trockenwäldern, vergraste Weinberge und Halbtrockenrasen, Ginster- und Steppenheiden, Bahn-und Wegdämme sowie lockere Streuobstwiesen mit Brombeer- und Schlehengebüschen sind nach GRUSCHWITZ (1992) als die charakteristischen Lebensräume in Rheinland-Pfalz anzusehen.

Das Nahrungsspektrum der Tiere gleicht dem der östlichen Verwandten *Lacerta viridis* und umfasst demnach hauptsächlich Insekten, dazu aber auch Asseln, Landschnecken, hier und dort auch kleinere Wirbeltiere (junge Säuger, kleine Echsen und Schlangen) sowie Eier von Singvögeln (GLANDT 2010).

Noch unausgefärbte Jungtiere bei der Nahrungsaufnahme.

6.2.4 Jahresrhythmus

Die winterliche Ruhephase der Smaragdeidechsen dauert in den deutschen Populationen – je nach Witterung – etwa von Anfang September bis Ende Februar/Mitte März. Dann lassen sich die Tiere an warmen Tagen bereits außerhalb ihrer Verstecke sehen, beginnen wieder mit der regelmäßigen Nahrungsaufnahme und häuten sich alsbald das erste Mal. In einer näher untersuchten Population am Mittelrhein zeigten sich die Tiere bei einer Lufttemperatur von 10–15° C in Bodennähe (und einer Bodentemperatur von 5–7° C) aktiv. Zunächst kamen Mitte März die Männchen hervor, etwa vier Wochen später die Weibchen und im Verlauf des Monats Mai erschienen dann erst die Jungtiere (BÖKER 1990). Die Paarungszeit dauert von April bis Juni, die Eiablage erfolgt im Mai oder Juni, der Schlupf der Jungen dann im

Spätherbst (GLANDT 2010) – manchmal erst, nachdem sich die Alttiere wieder in ihre Winterquartiere zurückgezogen haben. Das tageszeitliche Aktivitätsmuster ist nach GÜNTER & VÖLKL (1996a) im Frühjahr und Herbst einphasig, d.h. die Tiere sind über die Mittagszeit aktiv. Bei warmem Wetter im Sommer wird die Aktivitätskurve dann zweiphasig, die Tiere zeigen sich dann am späten Vormittag und am frühen Nachmittag, halten sich aber in den heißen Mittagsstunden versteckt.

6.2.5 Fortpflanzung

Das Fortpflanzungsverhalten (mit Imponierverhalten, „Paarungsmarsch", Paarung und Eiablage) unterscheidet sich nach momentanem Kenntnisstand nicht oder höchstens in Details von den entsprechenden Verhaltensweisen der Östlichen Smaragdeidechse (vgl. Kapitel 6.3).

Günther weist darauf hin, dass dringend vergleichend (etho-ökologische) Untersuchungen im Freiland erforderlich seien, „um mögliche unterschiedliche Anpassungen auch in der Fortpflanzungsbiologie aufzuklären" (GÜNTHER 1996, Seite 565). Insgesamt scheint das Gelege der Westlichen Arten größer zu sein und kann bis 23 Eier umfassen. In „guten Jahren" können in manchen Populationen zwei Gelege produziert werden, die im Abstand von etwa 3–4 Wochen abgelegt werden (vgl. GLANDT 2010).

6.2.6 Vergesellschaftungen

Die Westliche Smaragdeidechse ist an den meisten Standorten mit Schlingnatter und Blindschleiche, in steinig-felsigen Gebieten auch mit der Mauereidechse vergesellschaftet. In den mittelrheinischen Populationen ist in manchen Bereichen darüber hinaus auch die Mauereidechse häufig anzutreffen. In einer Population bei Kamp-Bornhofen fanden die Verfasser im Vorkommensgebiet der Smaragdeidechse auch eine Ringelnatter (LANTERMANN & LANTERMANN 2011).

Alle Marderartigen sind potentielle Beutegreifer von Smaragdeidechsen.

6.2.7 Beutegreifer, Gefährdung und Status

Beutegreifer der Westlichen Smaragdeidechse sind vor allem Wildschwein, Fuchs, Wiesel, Hermelin, Igel und wiederum verwilderte Hauskatzen. Unter den Vögeln können vor allem Rabenvögel und Greifvögel, unter den Reptilien Schlingnatter und Eidechsennatter den (Jung-) Tieren gefährlich werden. Westliche Smaragdeidechsen sind zwar charismatische Tiere (und hier und dort werben sogar die örtlichen Touristen-Zentralen mit ihnen als Botschafter für den Naturschutz), das führt aber andererseits nur selten dazu, dass die Weinbauern durch naturverträgliche Weinbaumethoden Rücksicht auf die heimische Flora und Fauna nehmen. Die Verbuschung geeigneter Teillebensräume, die Restaurierung (= das Verfugen) von Trockenmauern, die Nutzungsintensivierung und Rebflurbereinigung sowie die Verinselung von Kleinpopulationen stellen weitere Gefährdungsursachen dar. Hier und dort mag auch der Wegfang von Tieren durch verantwortungslose Terrarianer eine gewisse Rolle für den Rückgang von Kleinpopulationen spielen.

In den „Roten Listen" von Rheinland-Pfalz und Baden-Württemberg wird die Art als „vom Aussterben bedroht", in der Gesamtliste der BRD „nur" als „stark gefährdet" eingestuft. Nach den Kriterien der IUCN gilt die Art europaweit noch als „nicht bedroht" („least concern"), im Statusbericht wird allerdings angemerkt, dass hier und dort aber bereits merkliche Bestandrückgänge zu verzeichnen sind (IUCN Red List.org).

6.2.8 Schutzmaßnahmen

Schutzmaßnahmen müssen zu allererst die anthropogen verursachten Habitatveränderung in den Blick nehmen und möglichst versuchen dagegen zu steuern. Was sich aber so einfach schreibt, ist meist nur schwierig in die Tat umzusetzen. Nach GRUSCHWITZ (1992) bedarf es dazu eines angepassten Habitatmanagements, das darauf abzielt, die thermisch günstigen Lebensräume als extensiv bewirtschaftete Kulturlandschaftsteile zu erhalten. Dazu gehören das Aussetzen von sogenannten Flurbereinigungen in manchen Gebieten, extensive statt intensive Nutzung in den Weinbaugebieten, das Niedrighalten von Verbuschung und Sukzession auf ungenutzten Flächen und das gebietsweise Aussetzen von Aufforstungen auf Brachflächen und Lichtungen. Damit wäre für manche Eidechsenpopulationen (sowie deren Begleitfauna und -flora) schon manches erreicht, vieles scheitert einfach an der Unkenntnis, Gedankenlosigkeit und Ignoranz der Flächeneigentümer.

6.2.9 Beobachten, Kartieren, Fotografieren

Adulte Smaragdeidechsen sind im Lebensraum optisch recht auffällig und manchmal auch über einige Entfernung bereits zu sehen. Sie sind – bei vorsichtiger Annäherung – nicht schwer zu beobachten und zu fotografieren. Allerdings vermeide man – wie bei allen Reptilienbeobachtungen – heftige Bewegungen und lautes Auftreten, denn dann sind die Tiere schnell in ihren Schlupflöchern verschwunden. Jungtiere mit ihrer bräunlich-gestreiften Grundfärbung kann man dagegen schon einmal leicht übersehen.

Kartierungen werden in der Regel von den Fachleuten vor Ort durchgeführt, die die wichtigsten Populationen kennen und regelmäßig aufsuchen. Hin und wieder wird jedoch noch einmal eine neue Kleinpopulation „entdeckt" oder unter bestimmten Aspekten genauer beobachtet. Diese Ergebnisse sollte man den Kartierern vor Ort dann möglichst mitteilen oder als Kurzbericht in einer herpetologischen Zeitschrift publizieren.

6.3 Östliche Smaragdeidechse – *Lacerta viridis* (Laurenti, 1768)

Östliche Smaragdeidechse im Freilandterrarium.

6.3.1 Aussehen und Biometrie

Neben ihrer Schwesternart *Lacerta bilineata* ist die Östliche Smaragdeidechse die größte Eidechse Deutschlands. Sie erreicht in Brandenburg eine Gesamtlänge von bis zu 35 cm bei einer maximalen Kopf-Rumpf-Länge von 11–12 cm und ein Gewicht von mehr als 45 g im männlichen Geschlecht (RYKENA et al. 1996b). Die Tiere sind oberseits grasgrün bis smaragdgrün gefärbt und weisen eine mehr oder weniger dichte schwarz gepunktete oder gefleckte Sprenkelung auf. Weibchen sind oft weniger intensiv gefärbt und tragen an der Grenze zwischen Rücken und Flanke beiderseits einen hellen Längsstreifen. Die Unterseite beider Geschlechter ist beige, weiß oder gelb. Männchen weisen im größten Teil des Verbreitungsgebietes zur Paarungszeit eine blaue Kehlfärbung auf, die mehr oder weniger intensiv ausgeprägt sein kann. Es sind auch ältere Weibchen mit – weniger intensiver - blauer Kehlfärbung in der Literatur beschrieben. Jungtiere schlüpfen mit einer Kopf-Rumpf-Länge von etwa 3 cm bei einer Gesamtlänge von 8 bis 9 cm. Sie sind oberseits durchgehend (hell) braun gefärbt, beim manchen Tieren tritt eine feine schwarze Tüpfelung sowie eine schwach weiße Seiten- oder Fleckenlinie an den Flanken auf (GLANDT 2010). Gelegentlich kommen – offenbar überwiegend in Zuchtprojekten – auch Schwärzlinge vor (RYKENA et al. 1996b).

6.3.2 Verbreitung

Das Gesamtverbreitungsgebiet der Art erstreckt sich von Tschechien und Österreich über Slowenien und dem äußersten Nordosten Italiens südwärts über die gesamte Balkanhalbinsel und östlich bis in die Ukraine und die Türkei. In Deutschland kommt die Östliche Smaragdeidechse nur an zwei voneinander isolierten Standorten vor, nämlich zum einen in Bayern im Donautal südlich von Passau und zum anderen in der Sander- und Seentallandschaft der Niederlausitz in Ostbrandenburg (bei Cottbus, Lieberose und Guben). Die bayrischen Populationen werden als westlicher Zipfel eines geschlossenen Areals (aus der ungarischen Ebene donauaufwärts) betrachtet, die brandenburgischen Populationen bilden dagegen gewissermaßen eine vorgelagerte Verbreitungsinsel, stellen sie doch das nördlichste Verbreitungsgebiet dieser überwiegend südöstlich verbreiteten Art dar (PETERS 1970).

6.3.3 Lebensräume und Nahrung

Die Lebensräume der Tiere in Bayern (zwischen Passau und Linz) sind die südexponierten Hänge an der nördlichen Seite des Donautals mit Halbtrockenrasen, Gebüschzonen, Schotterhalden, Stützmauern an Wegen oder Wiesenterrassen als bevorzugte Aufenthaltsorte (WAITZMANN & SANDMEIER 1990). Die charakteristischen Merkmale des Lebensraumes der brandenburgischen Population bei Lieberose beschreibt wiederum PETERS (1970).

Lebensraum der Östlichen Smaragdeidechse entlang einer Bahntrasse
Foto: Benny Trapp

Freilandaufnahme der Östlichen Smaragdeidechse in der Nähe von Passau. *Foto: Benny Trapp*

Demzufolge bilden die mit Gras, Heidekraut und kleinen Brombeergebüschen sowie mit Jungkiefern bewachsenen Randbereiche zwischen Verkehrsweg und Kiefernaltbestand die Hauptlebensräume, die zudem durch Asthaufen und Baumstubben als wichtige Begleitstrukturen (als Versteckplätze zum Anlegen von Schlupflöchern) geprägt sind. Sandige Stellen der Straßenböschung dienen als Eiablageplätze. Smaragdeidechsen sind offenbar recht ortstreu, denn ihr Aktivitätsradius liegt zwischen etwa 30 und 50 m rund um ihre Versteckplätze. Diese liegen oft unter Holzstubben oder Heidekrauthorsten, in Mäuselöchern oder auch selbst gegrabenen Schlupflöchern der Tiere.

Als überwiegende Carnivoren machen die Smaragdeidechsen Jagd auf alles, was sich bewegt und sich in gewissen Größenordnungen befindet. Bevorzugt werden alle Arten von Insekten, Spinnen, Asseln und Schnecken, aber auch kleine Wirbeltiere bis zur Größe nestjunger Mäuse. Gelegentlich werden darüber hinaus Reptilieneier, junge Eidechsen anderer Arten und hin und wieder auch Beeren gefressen. Die Jagdbeute wird ergriffen, kurz durchgekaut und dann verschluckt. Größere Beutetiere werden von dem Fressen oftmals heftig geschüttelt (RYKENA et al. 1996b).

6.3.4 Jahresrhythmus

Über die tages- und jahreszeitlichen Aktivitätsrhythmen der Östlichen Smaragdeidechse sind wir am besten aus den brandenburgischen Populationen informiert (PETERS 1970). Demnach erscheinen im Verlauf des Aprils zunächst die Männchen, wenig später auch die Weibchen und danach die Jungtiere aus den Winterquartieren. Bei entsprechender Witterung kommt es bereits Ende April – in der Regel aber erst im Mai und Juni – zur Paarung, derweil die Tiere sich nun nach der ersten Frühjahrshäutung in größter Farbenpracht präsentieren. Die Jungen schlüpfen entsprechend im August und September. Ab August beginnt bereits der Rückzug in die Winterquartiere, allerdings wurden die letzten Alttiere noch Ende September, einige Jungtiere noch Anfang Oktober, beobachtet. Letztere werden dann auch noch sonnend und aktiv Beute fangend beobachtet, denn sie müssen sich noch die für die Winterruhe und das nahrungsarme Frühjahr notwendigen (Fett-) Reserven zulegen. Die Tagesaktivität beschränkt sich (abgesehen von der meist nächtlichen Eiablage) üblicherweise auf die hellen Tagesstunden. Sie erscheinen ab einer Lufttemperatur von etwa 20° C, bevorzugen allerdings bodennahe Temperaturen von 25–28° C. Nach der Paarung und Eiablage beschränkt sich ihr Verhalten primär auf das Sonnen und den Beutefang. Sonnenplätze können auch exponiert liegen, z. B. in Sträuchern, auf kleinen Bäumen, auf Reisighaufen und kleineren Felsformationen. Das Ende der Tagesaktivität liegt, je nach Witterung und Umgebungstemperatur, zwischen 16 und 18 Uhr (PETERS 1970, RYKENA et al. 1996b).

6.3.5 Fortpflanzung

Nach dem Verlassen der Winterquartiere kommt es ab April / Mai relativ schnell zur Paarung. Männchen und Weibchen haben zunächst getrennte Territorien, nutzen aber dann zunehmend Schlupflöcher und Sonnenplätze gemeinsam. Benachbarte Männchen rivalisieren nicht selten miteinander, Revierkämpfe werden durch ein auffälliges Imponierverhalten eingeleitet. Dabei senken die Tiere die Schnauze, richten sich auf den Vorberbeinen hoch auf und spreizen die Kehlhaut, deren blaue Färbung dann besonders gut zur Geltung kommt. Genügt dieses Verhalten nicht, um einen der beiden Kontrahenten zum Rückzug zu bewegen, kommt es zu Beißereien, die zunächst auf den Kopf, später auch Körper und Schwanz des Gegners abzielen. Gegenüber den Weibchen erfolgt ein Balzverhalten, das dem Imponierverhalten recht ähnlich ist, aber noch von ruckartigen Vorwärtsschüben, bei denen das Weibchen umkreist wird, untermalt wird. Dieses bleibt dabei – je nach Stimmung – entweder relativ teilnahmslos, zeigt Treteln als Demutshaltung, flüchtet oder läuft auf das Männchen zu. In letzterem Fall kommt es dann relativ schnell zur „typischen" Eidechsenkopulation, bei der sich das Männchen zunächst im Schwanz des Weibchens verbeißt, sich dann während eines vorwärts gerichteten Paarungsmarsches immer weiter zur Flanke vorarbeitet, dann seinen Hinterkörper unter den des Weibchens schiebt und in dieser Position einen Hemipenis in dessen Kloake einführt. Die Kopulation dauert im Durchschnitt 5 (2–15) Minuten.

Die Eiablage erfolgt drei bis sechs Wochen nach der Paarung: Dann werden in unbewachsenen sandigen Böden, die ein wichtiges Strukturelement in Smaragdeidechsen-Habitaten darstellen, 15–30 cm lange Gänge gegraben, an deren Ende die Weichen ihre maximal 12 Eier ablegen. Die Anlage der Gänge und Ablage der Eier geschieht vorwiegend nachts. Es wurde beobachtet, dass manche Weibchen noch einige Tage in der Nähe ihrer Gelege Wache hielten, und es gegen andere Tiere verteidigten. Die Embryonalzeit ist abhängig von der Außentemperatur und liegt grob zwischen 70 und 100 Tagen, in „normalen" Jahren schlüpfen die Jungtiere nach 75 bis 80 Tagen. Beim Schlupf sind sie zwischen 80 und 100 mm lang bei einer Kopf-Rumpf-Länge von 30–38 mm. Ihre Geschlechtsreife bei einer KRL von etwa 62–78 mm erreichen sie etwa Mitte des zweiten Lebensjahres. Die Lebenserwartung von Smaragdeidechsen liegt bei 10–12 Jahren, wobei die drei- bis fünfjährigen Weibchen mit hohen Eizahlen und jährlicher Fortpflanzung für den Fortbestand der Populationen die wichtigsten sind (PETERS 1970, RYKENA et al. 1996b).

6.3.6 Vergesellschaftungen

Smaragdeidechsen sind in den bayerischen Populationen mit Äskulapnatter, Schlingnatter, Ringelnatter und einer allochthonen Form der Mauereidechse vergesellschaftet, derweil in den dortigen Lebensräumen Zauneidechse und Blindschleiche weitestgehend fehlen (WAITZMANN& SANDMEIER 1990). In Brandenburg dagegen sind Zauneidechsen recht häufig im Habitat der Smaragdeidechsen anzutreffen, ebenso kommen Schlingnatter und stellenweise Ringelnatter und Blindschleiche dort vor (PETERS 1970).

6.3.7 Beutegreifer, Gefährdung und Status

Smaragdeidechsen haben zunächst zahlreiche tierische Feinde, unter denen die Schlingnatter eine bevorzugte Rolle spielt. Unter den Vögeln finden sich in der Literatur Hinweise auf Turmfalke, Mausebussard, Neuntöter, Eichelhäher und Elster als Prädatoren adulter Tiere, derweil Fasanen eine potentielle Gefahr für Jungtiere darstellen. Aber auch Säugetiere gehören zu den Feinden der Eidechse, nämlich besonders Igel, Wiesel, Hermelin, Fuchs und verwilderte Hauskatzen – seltener auch der Mensch, der hier und dort durch aktiven Fang von Tieren für die Terrarienhaltung für eine Verminderung der Bestände gesorgt hat.

Verwilderte Hauskatzen stellen eine potentielle Gefahr für Restpopulationen von Östlichen Smaragdeidechsen dar.

Neben diesen Prädatoren sind Smaragdeidechsen primär durch eine Veränderung ihrer ursprünglichen Le-

bensräume bedroht, vor allem durch Verbuschung, Flächenbebauung und dadurch bedingte Isolation einzelner Populationen. Hinzu kommt allerding im Fall der Östlichen Smaragdeidechse eine Gefährdung durch Klimafaktoren, die vor allem in den 1940er bis 1960er Jahren als „Atlantisierung" für zunehmend regenreichere und sonnenärmere Sommer sorgten und den Fortpflanzungserfolg der Populationen drastisch reduzierten (PETERS 1970).
Alle deutschen Populationen sind seit Jahren durchweg im Rückgang begriffen und klein bis sehr klein. Die Art wird daher in der Roten Liste Deutschlands als „vom Aussterben bedroht" eingestuft (BEUTLER & RUDOLPH 2003, SCHNEEWEISS et al. 2004).

6.3.8 Schutzmaßnahmen

Östliche Smaragdeidechsen sind zwar in großen Teilen ihres ausgedehnten Verbreitungsgebietes noch vergleichsweise häufig und nicht gefährdet, zu den Arealrändern an der Nordgrenze hin (also die polnischen und die deutschen Populationen in Brandenburg) sind sie jedoch akut vom Aussterben bedroht.
Die Gefährdungsursachen sind zum überwiegenden Teil anthropogen bedingt. In den bayerischen Populationen wirken sich vor allen Verbuschungen und Flächenbebauungen durch Besiedlung nachteilig und teils isolierend auf vorhandene Populationen aus. Allerdings wirken Verkehrswege, insbesondere die Böschungen der Bahntrassen, verbindend (WAITZMANN & SANDMEIER 1990, GLANDT 2010). Dramatischer ist die Situation in den brandenburgischen Populationen, in denen Smaragdeidechsenhabitate besonders durch den Ausbau von Verkehrswegen und Biozideinsätze gegen Verbuschung von Wegrändern und gegen Forstschädlinge nachhaltige Auswirkungen auf das Überleben der noch vorhandenen Kleinpopulationen haben. Auch die Rolle des Wegfangs von Tieren für die Terrarienhaltung ist nicht abschließend geklärt. Alle Schutzmaßnahmen müssen zunächst auf den Erhalt bzw. die Rekonstruktion ursprünglich geeigneter Lebensräume abzielen. Dazu gehören z. B. der teilweise Verzicht auf zu dichte Aufforstung von Kiefernbeständen und das Ausnehmen geeigneter Flächen von der Aufforstung (RYKENA et al. 1996b, GLANDT 2010). Auf die „Atlantisierung"

des Klimas als zusätzlich bestandsbelastender Faktor wurde bereits zuvor hingewiesen (vgl. PETERS 1970). Ein Wiederansiedlungsversuch mit insgesamt 203 im Terrarium gezüchteten Jungtieren zwischen 1996 und 2003 muss inzwischen als gescheitert angesehen werden. Trotz anfänglicher Reproduktion der Tiere ab 1999, ging der Bestand stetig zurück und der letzte Nachweis eines Individuums erfolgte 2005. Als mögliche Ursachen für den Misserfolg des Projektes nennt SCHNEEWEISS (2012, Seite 145): „die etwas ungünstige Witterung während der Ansiedlungsphase (Extremwinter und sonnenarme Sommer), eine wahrscheinlich hohe Emigrationsrate, eine zu geringe Anzahl an Gründerindividuen pro Zeiteinheit und möglicherweise zu hohe Prädationsverluste".

6.3.9 Beobachten, Kartieren, Fotografieren

Man muss die Standorte der Östlichen Smaragdeidechsen genau kennen, um überhaupt zu befriedigenden Beobachtungsergebnissen zu kommen. Am besten man schließt sich mit Fachleuten von Reptilien-Arbeitskreisen oder NABU-Leuten kurz, mit der Bitte, an geführten Exkursionen teilnehmen zu dürfen. Oftmals werden aber bekannte Standorte von *L. viridis* aus bekannten Gründen geheim gehalten. Wer dennoch in den Genuss kommt, diese Tiere einmal im Freiland beobachten zu können, wird zunächst von ihrem Äußeren fasziniert sein und sich vielleicht ein wenig wundern, dass solche „großen" und auffälligen Eidechsen noch in unserem Land vorkommen. An den Kartierungsarbeiten wird man sich als Amateur-Herpetologe in der Regel kaum beteiligen können. Die letzten Populationen stehen in der Regel unter regelmäßiger Beobachtung und Zählung der ortsansässigen Fachleute, die ihre Ergebnisse dann entsprechend auswerten und publizieren. Auf diese Weise kann man dann an den Beobachtungen und Ergebnissen der Forschung teilhaben (vgl. z. B. den Übersichtsband von ELBING 2001).

Das Fotografieren von *L. viridis* stellt keine anderen Ansprüche als im Kapitel 6.2. über die Westliche Smaragdeidechse ausführlicher beschrieben.

6.4 Waldeidechse – *Zootoca vivipara* (Jacquin, 1787)

Waldeidechse (mit abgeworfenem Schwanz) im Eifel-Nationalpark.

6.4.1 Aussehen und Biometrie

Zierliche Eidechse mit kurzem Schwanz und kurzen Beinen und deutlich kleiner als die Zauneidechse. Ihre Kopf-Rumpf-Länge liegt im männlichen Geschlecht bei 4,5–6 cm, bei den Weibchen zwischen 4,5–7 cm bei einer Gesamtlänge von maximal 18 cm, wobei die allermeisten Tiere nur zwischen 11–14 cm lang werden. Ihr Gewicht wird mit nur 3 bis 5 Gramm (!) angegeben. Die Grundfärbung der Tiere ist mittelbraun mit zahlreichen vorkommenden Farbabstufungen. Die meisten Tiere weisen einen dunkelbraunen Rückenstreifen und breite dunkelbraune Längsbänder an den Flanken auf. Die Unterseite der Weibchen ist meist hell (grau bis gelblich), die der Männchen gelblich oder orangefarben mit kräftig schwarzen Punkten. Die Jungtiere sind zunächst relativ einheitlich schwarzbraun gefärbt. Wie bei diversen anderen Eidechsen treten auch bei der Waldeidechse gelegentlich melanistische Tiere auf (ARNDT 1991), aber (seltener) sind auch grünliche Exemplare mit bläulicher Unterseite und gelblich gefärbte Tiere gesichtet worden. Es werden mehrere Unterarten beschrieben, deren Status aber

Jungtier der Waldeidechse.

teilweise unklar ist und in Fachkreisen gegenwärtig zur Diskussion steht. In Mitteleuropa lebt überwiegend die Nominatform *Zootoca v. vivipara*, die lebendgebärend ist, derweil die erst kürzlich beschriebenen Unterarten *Z. v. louislantzi* (Südspanien und Süd- und Südwest-Frankreich) und *Zootoca v.carniolica* (Slowenien, Süd-Kärnten, Po-Ebene in Nordost-Italien, Nordwest-Kroatien) Eier legen (!) (GÜNTHER & VÖLKL 1996a, GLANDT 2010).

6.4.2 Verbreitung

Die Waldeidechse bewohnt ein riesiges Areal, das sich von Nordspanien und Irland östlich durch ganz Eurasien bis Ostsibirien und Hokkaido (Japan) und nördlich von Südbulgarien über Nordkasachstan bis an das Eismeer und die Barentssee erstreckt. Sie ist damit das am weitesten verbreitete und am weitesten nördlich vorkommende Reptil überhaupt. Ermöglicht wurde das nördliche Vordringen der Art wahrscheinlich durch einen Wechsel der Fortpflanzungsformen, den die Waldeidechse übrigens als einziges europäisches Reptil vollzogen hat. Dazu GLANDT (2010, Seite 607): „Man geht davon aus, dass Waldeidechsen ursprünglich eierlegend waren und sekundär zum Lebendgebären übergegangen sind. Hierdurch wurde es der Art möglich, weit nach Norden vorzudringen. [...] Auch die Besiedlung Sibiriens war nur hierdurch möglich". In Deutschland ist die Art beinahe flächendeckend verbreitet. Bei noch „weißen Flecken" auf der Verbreitungskarte dürfte es sich überwiegend um Kartierungslücken handeln. Ihre Höhenverbreitung reicht dabei vom Meeresspiegelniveau (z. B. in den Küstendünen einiger Nordseeinseln) über die deutschen Mittelgebirge bis hin zu den Alpen, wo sie noch auf einer Höhe von 2.200 m beobachtet wurde (GÜNTHER & VÖLKL 1996a).

6.4.3 Lebensräume und Nahrung

Entsprechend ihrer großflächigen Verbreitung in Deutschland, ist davon auszugehen, dass es sich bei der Waldeidechse um eine ökologisch sehr anpassungsfähige Art handelt, die eine Vielzahl unterschiedlicher Lebensräume bewohnt. Und dementsprechend trifft man sie in Heidegebieten, Mooren, offenen Graslandschaften, Steinbrüchen, Abgrabungen, Küsten- und Binnendünen, in lichten Wäldern sowie an Wege-, Wald und Gewässerrändern an. Sie bevorzugt Lebensräume mit deckungsreicher Vegetation, Böschungen und Lichtungen mit etwas Bodenfeuchtigkeit, wo zudem sonnenexponierte Strukturen (Baumstümpfe, Totholzhaufen) vorhanden sind (GÜNTHER & VÖLKL 1996a, LEPTIEN 2010). Den Hauptbestandteil ihrer Nahrung bilden vor allem Insekten und Spinnen aller passenden Größen, aber auch Fliegen und Hundertfüßer wurden im Beutespektrum nachgewiesen, wobei die Nahrungszusammensetzung je nach Saison und Lebensraum Unterschiede aufweisen kann. Beutetiere werden in der Regel im Ganzen geschluckt, zu große Exemplare werden zunächst „durchgekaut", woraufhin die Chitinhüllen wieder „ausgespuckt" werden (GÜNTHER & VÖLKL 1996a).

6.4.4 Jahresrhythmus

Das Waldeidechsenjahr beginnt hier in Deutschland – je nach Region und Witterung – bereits Ende Februar, spätestens Anfang März. Sie ist damit die „früheste" heimische Eidechse, die nach der Winterruhe beim Sonnenbad zu beobachten ist. Zunächst verlassen die Männchen ihr Winterquartier, wenig später folgen die Weibchen. Die Paarungen finden dann meist Ende April/Anfang Mai statt und wenig später ist an der Umfangvermehrung der Weibchen zu erkennen, dass sie trächtig sind. Nach der Geburt der Jungen im Juli oder August widmen sich die Tiere dann ganz dem Aufbau von Energiereserven für die lange Winterruhe, die etwa ab Mitte/Ende September eingeleitet wird. Die Jungen sind dann noch einige Zeit aktiv, aber ebenfalls meist Ende Oktober, allerspätestens Anfang November im Winterquartier verschwunden. Für die adulten Tiere dauert die Winterruhe somit knapp ein halbes Jahr (GÜNTHER & VÖLKL 1996a, GLANDT 2010, LEPTIEN 2010).

6.4.5 Fortpflanzung

Ein Balzverhalten ist für Waldeidechsen nicht beschrieben, die Begattung erfolgt unmittelbar. Dazu beißt sich das Männchen in typischer Eidechsenart im Flankenbereich des Weibchens fest, legt dann ein Hinterbein über dessen Schwanzwurzel und vollzieht nun mit einem der beiden Begattungsorgane die Kopulation, die zwischen 10 und 50 Minuten dauern kann.

Das Bemerkenswerte am Fortpflanzungsgeschehen der Waldeidechse ist, dass bei ihr zwei unterschiedliche Fortpflanzungsstrategien zum Einsatz kommen. Der überwiegende Teil der Waldeidechsen-Populationen vermehrt sich durch Lebendgeburt, zwei südliche Unterarten (*Zootoca v.louislantzi* und *Zootoca v.carniolica*) sind dagegen ovipar (eierlegend). Bei allen „deutschen" Populationen entwickeln sich die Jungtiere im Mutterleib und schlüpfen dann kurz nach der Geburt aus einer hauchdünnen, durchscheinenden Eihülle. Die „Tragzeit" dauert – je nach Außentemperatur – fünf Wochen bis drei Monate, danach werden zwischen 3 und 8 (manchmal bis zu 11) voll entwickelte Jungtiere abgesetzt. Der Vorteil der Lebendgeburt besteht darin, dass die Art weiter nach Norden in kühlere Regionen vordringen konnte, derweil die Embryonalentwicklung im Mutterleib stattfindet. Trächtige Weibchen beschleunigen den Entwicklungsprozess, indem sie sich so oft wie möglich an sonnenexponierten Stelle aufhalten. Dazu LEPTIEN (2010, Seite 81): „Trächtige Weibchen nutzen auf diese Weise die Sonnenwärme deutlich besser aus als Weibchen anderer Arten – wenn die Sonne wandert, wandern sie einfach bis zum Sonnenuntergang mit. Durch diese Anpassung ist die Art eben auch in der Lage, Polargebiete und höhere Bergregionen zu besiedeln".

6.4.6 Vergesellschaftungen

Die Lebensraumansprüche von Kreuzotter und Waldeidechse sind sehr ähnlich, sie bewohnen daher dort, wo die Kreuzotter noch vorkommt, oft gemeinsame Lebensräume. Auch die Blindschleiche tritt häufig syntop mit der Waldeidechse auf. An den Randbereichen von Stillgewässern ist die Ringelnatter ein potentieller Prädator der Waldeidechse. An Waldrändern, insbesondere in feucht-trockenen Mosaikgebieten, ist sie hier und dort auch mit der Zauneidechse vergesellschaftet (GÜNTHER & VÖLKL 1996a).

6.4.7 Beutegreifer, Gefährdung und Status

Wie aus dem vorigen Abschnitt ersichtlich, kommen unter den Reptilien Kreuzotter und Ringelnatter, lokal auch Aspisviper und Schlingnatter als Prädatoren in Frage. Darüber hinaus werden in der Literatur auch Hermelin, Iltis, Fuchs, Wildschwein sowie diverse Vogelarten (Greifvögel, Reiher, Störche) als Fressfeinde der adulten, und große Laufkäfer als Feinde der frisch geschlüpften Waldeidechsen genannt (GÜNTHER & VÖLKL 1996a, GLANDT 2010).

Wesentlich nachhaltiger auf Waldeidechsenbestände wirken sich allerdings die anthropogen bedingten Maßnahmen aus, also vor allem die Rückdrängung der Art durch Eingriffe in die Landschaft, so z. B. (Straßen-)Baumaßnahmen, vor allem in den Ballungsgebieten, die Trockenlegung von Moor- und Feuchtgebieten sowie das Aufforsten von Waldlichtungen. So stellt z. B. die natürliche Verbuschung solcher ehemals offenen Gebiete und die meist sofort erfolgende Aufforstung freier Flächen ein großes Problem für die Art dar. GLANDT (2010) empfiehlt daher die regelmäßige Entbuschung bestimmter Gebiete, das Freihalten kleinerer Bereiche auf bestehenden Waldlichtungen und Kahlschlägen und auch die Bewahrung gut strukturierter Lebensräume an Waldrändern.

Waldeidechsen kommen in vielen Teilen Deutschland noch häufig vor und scheinen in den deutschen Mittelgebirgen sogar zuzunehmen, derweil vor allem in den Ballungsräumen Bestandsabnahmen zu registrieren sind. Insgesamt gilt die Art als noch nicht gefährdet und wird bezogen auf ihr Gesamtverbreitungsgebiet derzeit von der IUCN als „least concern" eingestuft. In Deutschland ist die Waldeidechse zwar, wie alle Reptilienarten, gesetzlich geschützt, gilt aber gemäß der Roten Liste noch als ungefährdet (HAUPT et al. 2009).

6.4.8 Schutzmaßnahmen

Schutzmaßnahmen für die Waldeidechse zielen im Wesentlichen auf den Erhalt geeigneter Lebensräume ab, wie im vorigen Abschnitt ausgeführt. Zudem regt GLANDT (2010) an, größere Bestände (mit mehreren hundert erwachsenen Tieren) unter besonderen Schutz zu stellen, regelmäßig zu beobachten und das Vorkommensgebiet zu pflegen.

6.4.9 Beobachten, Kartieren, Fotografieren

Waldeidechsen lassen sich besonders im Frühjahr, wenn sie gerade ihre Winterquartiere verlassen haben und noch nicht so sehr „aufgeheizt" und damit ein wenig träge sind, leicht beobachten. Die Mittagszeit ist dann erfolgversprechend, später im Jahr lassen sich die Tiere dann eher am Vormittag und am Nachmittag beobachten, derweil sie in der Mittagszeit die dann oftmals allzu große Sonneneinstrahlung meiden. Am leichtesten lassen sie sich dann an Waldrändern auf Totholzstrukturen beobachten. Wenn man bestimmte Standorte kennt, wird man alljährlich im etwa gleichen Gebiet Tiere antreffen, oftmals sogar an genau denselben Sonnenplätzen wie im Vorjahr.

Dann lassen sich auch brauchbare Verbreitungskarten anfertigen und Populationsgrößen (allerdings ohne Fang-Wiederfang-Methode nur grob) abschätzen. Wenn man bestimmte (Klein-)Populationen immer wieder aufsucht und beobachtet, werden sich mit der Zeit bestimmte Verhaltensmuster bei den Tieren herauskristallisieren. Auch kann man versuchen, eine Fotodatei der Tiere anzulegen und versuchen, sie auf diese Weise individuell wieder zu erkennen. Allerdings scheint die fotografische Identifikation hauptsächlich für die Zauneidechse in Frage zu kommen, derweil sie für Mauer- und Waldeidechse keine Standardmethode darstellt. Gerade in der Frühjahrsphase, wenn die Tiere noch nicht so schnell ihre „Betriebstemperatur" erreichen, lassen sich Waldeidechsen in der Regel leicht fotografieren. Am schönsten werden die Fotos allerdings nach der ersten Häutung, wenn sich die Tiere in frischer Farbgebung präsentieren. Auch hier gilt: Fotos „von oben" dienen zwar möglicherweise zur besseren Identifikation einzelner Individuen, aber „Action-Fotos", die gewissermaßen „auf Augenhöhe" mit den Tieren aufgenommen werden, sind eindeutig ansprechendere Ergebnisse der fotografischen Bemühungen.

6.5 Mauereidechse – *Podarcis muralis* (Laurenti, 1768)

Mauereidechsen-Männchen aus einer angesiedelten Population im westlichen Ruhrgebiet.

6.5.1 Aussehen und Biometrie

Zierliche, schlanke Eidechse mit abgeflachtem Körper und langem, zugespitztem und ebenfalls etwas abgeflachtem Kopf. Die Färbung ist variabel, Männchen sind im Allgemeinen etwas kontrastreicher gefärbt und weisen im Durchschnitt längere Schwänze auf als die Weibchen. Gewichte adulter Tiere liegen um 6–7 g. Die Grundfärbung ist beim Weibchen graubraun, oftmals mit dunkelbraunem Band an den Flanken, das zur Bauchseite hin durch einen hellen Längsstreifen begrenzt wird. Beim Männchen besteht das Färbungsmuster vielfach in einer flecken- oder netzartigen Zeichnung. Die Unterseite ist variabel von weißlich über gelblich bis ziegelrot, von ungefleckt bis stark gefleckt oder getüpfelt. Manche Populationen werden mit einer blau gefleckten Flankenfärbung beschrieben, die bei den Männchen häufiger als bei den Weibchen auftritt. Die Größe liegt bei bis 22 cm Gesamtlänge und etwa 7,5 cm KRL. Jungtiere haben beim Schlupf eine Gesamtlänge von 50–60 mm bei einem Gewicht von weniger als einem halben Gramm (GRUSCHWITZ& BÖHME 1985, GÜNTHER et al. 1996, GLANDT 2010). Eine Besonderheit scheint darin zu bestehen, dass in den bisher

Bei diesem Tier (aus einer allochthonen Population im Ruhrgebiet) treten die charakteristischen Seitenstreifen besonders deutlich hervor.

genauer untersuchten Populationen unverhältnismäßig viele Tiere Schwanzregenerate oder -defekte aufwiesen. Als Ursache dafür werden innerartliche Auseinandersetzungen oder häufige Kontakte mit Beutegreifern vermutet (GÜNTHER et al.1996). Hin und wieder sind in der Literatur auch Schwärzlinge beschrieben worden, eine gewisse Häufung der Sichtungen ist offenbar in der Heidelberger Gegend am Neckar zu verzeichnen (ROMERO MARTÍN 1998, LANTERMANN & LANTERMANN 2015).

6.5.2 Verbreitung

Die Mauereidechse ist eine überwiegend mediterrane Art mit einer weiten Verbreitung in Mittel-, Süd- und Osteuropa. Ihr Gesamtverbreitungsgebiet erstreckt sich westlich von Nordostspanien bis zur Westküste des Schwarzen Meeres und Nordost-Anatolien im Osten und von den Süd-Niederlanden, den deutschen Mittelgebirgen und Nord-Österreich im Norden südlich bis nach Kalabrien und dem äußersten Süden des Peloponnes (SCHULTE 2008). In Deutschland, Österreich und der Schweiz gibt es nur inselartige Vorkommen sowie inzwischen zahlreiche angesiedelte (allochthone) Populationen.
In Deutschland hat die Art ihren Verbreitungsschwerpunkt im Südwesten des Landes in Baden-Württemberg und Rheinland-Pfalz, kommt darüber hinaus aber auch in Hessen, im Saarland und in Bayern vor. Auch in

Nordrhein-Westfalen sind diverse Populationen nachgewiesen, die aber in der Mehrzahl als allochthone Populationen eingestuft werden. Denn die natürliche nördliche Verbreitungsgrenze der Mauereidechse liegt im südlichen Rheinland, etwa auf Höhe der Rureifel mit der (frühereren) Unterart *Podarcis muralis brogniardii* und im Bonner Raum mit der (früheren) Unterart *P. m. merremius* (GRUSCHWITZ & BÖHME 1985, GÜNTHER et al. 1996) und reicht damit gerade in das Bundesland Nordrhein-Westfalen hinein. Nach molekularbiologischen Untersuchungen geht man inzwischen nur noch von einer Unterart im gesamten Südwesten Deutschlands aus, nämlich *P. m. merremius* (SCHULTE briefl. Mitteilung). Eine zweite autochthone Unterart *Podarcis muralis maculiventris* ist auf zwei kleine Vorkommen in Oberaudorf im östlichen Bayern beschränkt (SCHMIDTLER et al. 2006, SCHULTE 2008).

Bei den weiter nördlich gefundenen Exemplaren handelt es sich somit um so genannte allochthone Vorkommen, also solche, die hier nicht natürlicherweise vorkommen und meist unzulässigerweise von Menschenhand angesiedelt wurden – in der Regel aus Nachzuchten von Terrarianern (gelegentlich auch als „Urlaubsmitbringsel“). Mittlerweile sind mindestens 26 allochthone Standorte (davon 16 allein im Ruhrgebiet) allein in Nordrhein-Westfalen bekannt (Zusammenfassung bei MEßER et al. 2004, SCHULTE et al. 2008) –

der älteste in Dortmund seit etwa 1954 (MÜNCH 1992). Die Gesamtzahl der bislang in der BRD bekannt gewordenen allochthonen Mauereidechsenpopulationen lag 2008 bei 72. Davon gehen nur 12,7 % auf unbeabsichtigte Verschleppungen (z. B. durch den Güterverkehr), dagegen aber 83,1 % auf beabsichtigte Aussetzungen durch Terrarianer und 4,2 % auf unbeabsichtigtes Entweichen aus Terrarien zurück (SCHULTE et al. 2008).

6.5.3 Lebensräume und Nahrung

Felsige Hänge, Abbruchkanten, Steinhaufen, Uferböschungen, sonnige Steinbrüche und unverfugte Trockenmauern in niedrigen Lagen und den Mittelgebirgen sind der bevorzugte Lebensraum von Mauereidechsen. Hier werden in der Aktivitätsphase Spalten und Hohlräume als Tagesverstecke, Unterschlupf für die Nacht, Schutz vor Regen, Hitze und Beutegreifern genutzt. Auch als Winterquartiere dienen solche (tiefen) Spalten und Höhlungen, alternativ werden auch Drainagerohre und Kleinsäugerbauten in den Wintermonaten aufgesucht (GÜNTHER et al. 1996, SCHULTE 2008).

Da die ursprünglichen, natürlichen Lebensräume durch menschlichen Einfluss immer weiter zurückgehen, sind die Tiere inzwischen auch immer häufiger auf anthropogen überformte Strukturen angewiesen. Neun von zehn Fundorten einer Untersuchung am westlichen Hochrhein waren beispielsweise Sekundärbiotope (FRITZ 1987). Dazu gehören u. a. Burgruinen, Bahnhöfe und Bahndämme, Kiesgruben, Bunker usw. (GÜNTHER et al. 1996).

Dort suchen die Tiere vor allem kleinere Insekten, Larven, Spinnen und Würmer als Nahrung. Pflanzliche Nahrungsbestandteile, vor allem Früchte, werden von den Tieren ebenfalls in kleineren Mengen genommen. Alle bisher vorgenommenen Magenanalysen bei Mauereidechsen zeigen, dass Mauereidechsen Nahrungsopportunisten sind, deren Beutespektrum etwa der Häufigkeit aktuell verfügbarer Beutetiere entspricht. Art und Zusammensetzung der Nahrungsbestandteile können somit je nach Biotop, geographischer Verbreitung und Jahreszeit erheblich variieren (STRIJBOSCH et al.1980, SCHULTE 2008).

6.5.4 Jahresrhythmus

Die Hauptaktivitätszeit der Mauereidechse liegt im Südwesten Deutschlands zwischen März und September. Je nach Außentemperatur können die Tiere an geschützten, gut besonnten Standorten (ab einer Lufttemperatur von 4–5° C) bereits im Januar und Februar (zunächst nur die Männchen) beobachtet werden. In Schönwetterperioden sind die Tiere darüber hinaus bis Mitte/Ende November aktiv, ehe sie sich in ihre Winterquartiere zurückziehen. Auch können die Tiere bei entsprechenden Wärmeperioden durchaus auch tageweise im Winter aktiv sein (GRUSCHWITZ & BÖHME 1986)

6.5.5 Fortpflanzung

Im zeitigen Frühjahr besetzen die Männchen Territorien und verteidigen sie gegen andere Männchen, derweil die Weibchen dort geduldet werden. In der Paarungszeit von April bis Juni nähert sich das Männchen einem paarungswilligen Weibchen in Imponierhaltung mit erhobenem Vorderkörper und aufgeblähter Kehle und packt es in der Regel an einer beliebigen Stelle des Schwanzes. Daraufhin beginnt der so genannte Paarungsmarsch, den das Weibchen aktiv einleitet, derweil das Männchen nun den ersten Biss lockert und immer weiter vorn zubeißt, bis die endgültige Bissposition im hinteren Flankenbereich erreicht ist. Nun erfolgt die Kopulation, die nur 30 Sekunden bis maximal 2 Minuten dauert. Das Weibchen entfernt sich dann, das Männchen verweilt meist noch solange am Ort, bis die Hemipenes wieder eingezogen sind (WEBER, in GÜNTHER et al. 1996).

Die Eiablage erfolgt etwa vier Wochen nach der Kopulation. Das Weibchen vergräbt die 2–10 Eier, die von einer pergamentförmigen Hülle umgeben sind, in lockerem Erdreich, in Mauerspalten oder unter größeren Steinen. Die Entwicklung der Embryos ist temperaturabhängig und dauert im Freiland zwischen sechs und elf Wochen. Die Jungen eines Geleges schlüpfen meist nicht gleichzeitig, ihr Schlupf kann sich über mehrere Tage hinziehen

(GRUSCHWITZ & BÖHME 1986, GÜNTHER et al. 1996, SCHULTE 2008). In unseren Breiten dürften ein bis zwei Jahresgelege die Regel sein, in den südlicheren Teilen des Verbreitungsgebietes werden durchaus auch drei Gelege pro Jahr gezeitigt (GÜNTHER et al. 1996).

6.5.6 Vergesellschaftungen

Vergesellschaftungen der Mauereidechse mit Blindschleiche, Zauneidechse, Westlicher Smaragdeidechse, Waldeidechse, Äskulapnatter, Schlingnatter, Ringelnatter und Aspisviper wurden bislang nachgewiesen, wobei die Waldeidechse nur selten im Übergangsbereich von Mauereidechsen-Habitaten gefunden wird, während die Schlingnatter häufig im gleichen Lebensraum anzutreffen und als Mauereidechsen-Jägerin bekannt ist (GÜNTHER et al. 1996, SCHULTE 2008).

6.5.7 Beutegreifer, Gefährdung und Status

Zu den Beutegreifern der Mauereidechse gehören vor allem verschiedene Greifvögel (Turmfalke, Mäusebussard), Steinmarder und Wiesel sowie hier und dort auch streunende Katzen. Unter den Reptilien zählt die Schlingnatter mancherorts zu den Hauptbeutegreifern der Mauereidechse. Als Ektoparasiten werden in der Literatur verschiedene Milben- und Zeckenarten genannt, die zwar in der Regel nicht zu einer nachhaltigen Schädigung des Wirtes zu führen scheinen (GÜNTHER et al. 1996), aber aufgrund von häufigem Kratzen der Tiere und Reiben an Steinen als Reaktion auf vorhandene Ektoparasiten ist dennoch durchaus von einer Beeinträchtigung der Tiere auszugehen (DOWIDEIT, in SCHULTE 2008).

Bedroht werden die Bestände der Mauereidechse vor allem durch anthropogene Eingriffe wie z. B. die sogenannte „Flurbereinigung" in den Weinbergen und den dortigen Einsatz von Pestiziden. Auch die „Restaurierung" (= Verfugung) von Lesesteinmauern, die Nutzungsintensivierung auf Anbauflächen, die Verfüllung von Steinbrüchen und Abraumhalden, die Verinselung kleinerer Populationen, hier und dort auch der Einfluss von Kletter-Touristen sowie der Wegfang von adulten Tieren durch Terrarianer spielen an gewissen

Mauereidechsen-Weibchen aus einer „Ruhrgebietspopulation".

Standorten eine Rolle bei der Dezimierung von Mauereidechsenbeständen. Ob und inwieweit auch der Klimawandel die Bestände der Mauereidechse nachhaltig beeinträchtigt, ist bislang nicht hinreichend untersucht. Deutlich ist jedoch, dass die Klimaerwärmung vor allem die Ausbreitung allochthoner Populationen nördlich der natürlichen Verbreitungsgrenze zu begünstigen scheint (LANTERMANN & LANTERMANN 2010d).

In der Literatur werden bei Mauereidechsen Populationsgrößen zwischen „nur wenigen beobachteten Tieren" und mehreren 1.000 Tieren genannt. Allgemeingültige Aussagen zu Populationsgrößen und Abundanzen lassen sich nicht treffen, denn Größe und Dichte von Populationen beruhen auf der Verfügbarkeit vorhandener Ressourcen (Habitatgröße und -strukturen, Sonnenexposition, Vegetation, Nahrungsspektrum) sowie auf der Lage (Umland, Kapazitätsgrenze, ggf. Verinselung). Die größte bislang beschriebene Population in Deutschland mit errechneten 6.900 bis 7.700 Individuen (1.225 Individuen pro Hektar) wurde an einem Bahndamm mit hoher Habitatqualität in Offenburg nachgewiesen (BENDER et al. 1996, in SCHULTE 2008). Weiterhin sei eine von STRIJBOSCH et al. (1980) untersuchte Population mit knapp 100 Individuen und einer Abundanz von 6,5 Individuen pro Hektar erwähnt, die unter (ungünstigen) klimatischen Bedingungen lebten, die nicht konstant genug für eine regelmäßige Reproduktion waren. Von 32 in

Mauereidechse auf Lavagestein auf einer Bergehalde im westlichen Ruhrgebiet.

Deutschland untersuchten allochthonen Populationen umfassten etwa ein Viertel 10–50 Individuen und müssen damit als (für äußere Einflüsse recht gefährdete) Kleinpopulationen gelten. Knapp 30 % der Populationen umfassten mehr als 100 Tiere (SCHULTE 2008).

Insgesamt ist die Art – auf ganz Europa bezogen – weit verbreitet und vielerorts noch häufig. Lediglich an der Nordgrenze des Verbreitungsgebietes, wo sie nur in klimatisch günstigen Lebensraum-Nischen vorkommt (so auch in Deutschland), ist sie zum Teil regional gefährdet (GLANDT 2010). Nach den Kriterien der „Roten Liste" wird die Art in den Niederlanden als „vom Aussterben bedroht", in Deutschland in mehreren Bundesländern als „gefährdet" oder „stark gefährdet" eingestuft (KÜHNEL et al. 2009), steht aber für Gesamtdeutschland „nur" auf der Vorwarnliste.

6.5.8 Schutzmaßnahmen

Schutzmaßnahmen für die Mauereidechse müssen vor allem darauf abzielen, ursprüngliche Strukturen (unverfugte Mauern an Burgruinen, Trockenmauern, Stützmauern in Weinbergen usw.) zu erhalten oder sogar neu anzulegen. Bei der Nutzungsaufgabe von Steinbrüchen oder Abgrabungen, sollte deren Verfüllung unterbleiben und Verbuschungen durch entsprechende Pflegemaßnahmen verhindert werden. Hier und dort ist auf bestimmten Felsformationen auch die Eingrenzung des Klettersports zu fordern (GLANDT 2010). GÜNTHER et al. (1996) fordern bei geplanten größeren Flurbereinigungsmaßnahmen ein gezieltes Vorgehen mit vorausgehenden zoologischen Untersuchungen und darauf aufbauenden, möglichst schonenden Eingriffen, ggf. mit entsprechenden Ausgleichsmaßnahmen. Sie sollen darauf abzielen, dass wichtige Lebensräume für die Mauereidechsen erhalten bleiben (oder notfalls neu geschaffen werden), um zumindest (größeren) Teilen der ursprünglichen Population ein Überleben zu ermöglichen. Insgesamt gesehen ist die regionale Vernetzung der Bestände vor allem in den nördlichen Regionen mit vielfach verinselten Populationen – ein wichtiges Ziel aller Schutzbemühungen (GLANDT 2010).

6.5.9 Beobachten, Kartieren, Fotografieren

Von den fünf heimischen Eidechsenarten ist die Mauereidechse mit am leichtesten zu beobachten. Ab einer Temperatur von 15° C aufwärts zeigt sie sich schon früh im Jahr an geschützten Stellen. An natürlichen oder künstlich angelegten Trockenmauern oder Legesteinhaufen, die sich in der ersten Frühjahrssonne erwärmen, kann man unter Umständen schon Mitte Januar/Anfang Februar die ersten Tiere für kurze Zeit beim Sonnenbad entdecken.

Schwarze Mauereidechse aus der Heidelberger Population am Neckar.

Ab März sind die Tiere dann – je nach Fundort und Wetterlage – regelmäßig anzutreffen und zu beobachten. Oftmals sind auf kleiner Fläche adulte Tiere beiderlei Geschlechts und dicht beieinander anzutreffen. An trüben Tagen lässt sich die Mauereidechse auch durch vorsichtiges Umdrehen von Steinen oder Lavabrocken, auf denen die Tiere sich sonst sonnen, nachweisen. Mauereidechsen kann man relativ gut zählen und damit Populations-Mindestgrößen abschätzen. Denn die (adulten) Tiere sind in der Regel geschlechtlich zu unterscheiden, relativ standorttreu, ihre Reviere sind überschaubar und halbwegs zuverlässig gegeneinander abzugrenzen und somit auch in eine Detailkarte übertragbar.

Das Fotografieren von Mauereidechsen gehört nicht unbedingt zur „hohen Schule" der Reptilienfotografie. Denn sobald ein Standort ausgemacht ist, bedarf es nur des richtigen Wetters und etwas Geduld, bis sich das eine oder andere Tier an seinem bevorzugten Sonnenplatz zeigt. Mit ruhigen Bewegungen kann man sich dann vorsichtig mit der Kamera annähern und erhält oftmals bildfüllende Fotos. Schwieriger ist es, bestimmte Verhaltensweisen im Freiland fotografisch zu dokumentieren, z. B. aggressive Auseinandersetzungen der Tiere oder eine Kopulation vor die Linse zu bekommen. Solche Fotos gehören sicherlich zu den „Highlights" der Reptilienfotografie und werden gern in entsprechenden Magazinen und Fachzeitschriften gedruckt.

6.6 Kroatische Gebirgseidechse – *Iberolacerta horvathi* (Méhely, 1904)

Seltenes Freilandfoto der Kroatischen Gebirgseidechse. *Foto: Benny Trapp*

6.6.1 Allgemeines

Kroatische Gebirgseidechsen werden im Maximum 18 cm lang bei einer Kopf-Rumpf-Länge von rund 6,5 cm. Die Tiere sind im Erscheinungsbild der Mauereidechse sehr ähnlich, unterscheiden sich aber in Details. So ist z. B. die Unterseite der adulten Tiere strohgelb bis grüngelb gefärbt und die Jungtiere tragen zunächst grüne oder graugrüne Schwänze. Ihr Verbreitungsgebiet ist klein und zersplittert und erstreckt sich von Österreich im Norden und Norditalien bis Slowenien und Kroatien. Über eine kleine Population in Deutschland in den Bayerischen Alpen gibt es unterschiedliche Auffassungen (siehe unten). Die Tiere bewohnen überwiegend bergige und felsige Lebensräume zwischen 800 und 1.200 m über NN, wobei die Vertikalverbreitung bis maximal 2.000 m über NN reichen kann. Der überwiegende Teil der dokumentierten Lebensräume lag in Buchen- oder Koniferenwäldern (Tannen, Fichten, Kiefern, Lärchen) mit eindeutiger Präferenz für felsiges Terrain (Zusammenfassung bei GÜNTHER 1996).

Für die Terrarienhaltung spielt die Art keine Rolle und wird deshalb an dieser Stelle nur der Vollständigkeit halber kurz gestreift.

6.6.2 Entdeckungsgeschichte

GLANDT (2010, Seite 392) fasst die Entdeckungsgeschichte der deutschen Population(en) folgendermaßen zusammen: „Im Jahr 1989 konnten erstmals in Deutschland (Bayerische Alpen) an drei Stellen bei Mittenwald und Vorderriss 7 Individuen von *I. horvathi* nachgewiesen werden. Nachforschungen deutscher Zoologen erbrachten erst nach längerer Suche eine Bestätigung (5 Fundorte mit ca. 30 Tieren). Man vermutet, dass es sich um ein natürliches Vorkommen der Art handelt. In den Folgejahren konnte die Art jedoch nicht mehr bestätigt werden".

Dieses kleine Vorkommen in Deutschland bleibt tiergeografisch schwer zu erklären, weil es rund 120 km vom nächstbekannten „natürlichen" Vorkommen in den Karnischen Alpen in Österreich liegt. Während einerseits das Vorkommen mehrerer getrennter Kleinpopulationen auf einen „indigenen Ursprung" hinzuweisen scheint (GÜNTHER 1996), vertreten manche Autoren inzwischen jedoch die Ansicht, dass es sich möglicherweise doch eher um von Menschenhand (erfolglos) angesiedelte Tiere handeln könnte (vgl. FRANZEN & GRUBER 2004).

6.7 Sonstige Eidechsenarten

An dieser Stelle sollen keine weiteren ausführlichen Artenporträts folgen, sondern nur der Hinweis, dass außer den zuvor genannten heimischen Eidechsen durchaus viele weitere Arten für die Haltung im Freilandterrarium in Frage kommen – in der Regel allerdings nur im Sommerhalbjahr. Terrarien mit einem Wetterschutz und ggf. auch noch mit einer zuschaltbaren Wärmequelle bei dauerhaft kühlem oder regnerischem Sommerwetter sind für solche Arten natürlich besonders geeignet. Der Freilandaufenthalt der Tiere erfolgt dann in der Regel ab Ende April/Anfang Mai und kann sich – je nach Wetterlage und Außentemperatur – bis Ende August oder

Anfang September hinziehen. Den Herbst und Winter verbringen die Eidechsen dann im Zimmerterrarium und zeitweise auch in der Winterruhe (siehe Kapitel 11).
Für eine derart praktizierte Haltung im Wechsel zwischen Zimmer- und Freilandterrarium kommen vor allem robuste südeuropäische und nordafrikanische Arten in Frage. Über die Eignung der Perleidechse wird weiter unten (Kapitel 10 und 11) ausführlich berichtet. Hin und wieder sind im Zoofachhandel, vor allem aber auch bei den privaten Züchtern, weitere attraktive Eidechsenarten zu bekommen. Sehr attraktive Tiere sind zweifellos Iberische Smaragdeidechsen (*Lacerta schreiberi)*, die bis zu 40 cm lang werden können und in Nordwest-Spanien und Teilen Portugals beheimatet sind (zur Freilandterrarienhaltung vgl. KNELLER 2007). Auch die mit bis zu 60 cm Gesamtlänge größte *Lacerta*-Art, die Riesensmaragdeidechse *Lacerta trilineata* aus dem Balkan-Gebiet (von Slowenien über Griechenland bis zur Westküste des Schwarzen Meeres), gehört zu den imposantesten Vertretern der europäischen Eidechsenfauna, die gelegentlich in Freilandterrarien gehalten wird (vgl. DIECKMANN 2011). Über die Freilandhaltung der Östlichen Riesensmaragdeidechse der Formen *Lacerta m. media* und *Lacerta m. israelica* berichten ESTERBAUER (2005) und SÄMANN (2013). Aus der Verwandtschaft der Perleidechsen ist gelegentlich einmal die nordafrikanische Berbereidechse (*Timon pater*), die Zagros-Eidechse (*Timon princeps*) oder die Marokko-Perleidechse (*Timon tangitanus*) im Handel oder von (den wenigen) Züchtern zu bekommen. Ihre Pflegansprüche gleichen denen der Perleidechse (IN DEN BOSCH 1998, ROGNER 2002).

Sie und manche weitere Arten sind für die (Sommer-)Freilandhaltung durchaus geeignet und zum Teil auch sehr attraktive Pfleglinge. Man sollte jedoch stets die inzwischen reichhaltige Literatur studieren, um den Lebensansprüchen der gehaltenen Arten in vollem Umfang zu genügen. Eine hilfreiche Übersicht zur Eidechsenhaltung im Allgemeinen hat ROGNER (2002) veröffentlicht.

7

DER VOLLSTÄNDIGKEIT HALBER:
Die Blindschleiche *Anguis fragilis* (Linnaeus 1758) Deutschlands häufigste Echse

7.1 AUSSEHEN UND BIOMETRIE

DIE BLINDSCHLEICHE IST GEKENNZEICHNET DURCH EINEN BEINLOSEN, LANGGESTRECKTEN KÖRPER, DER IM DURCHSCHNITT 40–45 CM GESAMTLÄNGE, IM MAXIMUM AUCH BIS 57,5 CM (BÖHME 2012) AUFWEIST.

Die Hälfte davon entfällt auf den Schwanz, den die Tiere bei Gefahr übrigens relativ schnell abwerfen (darauf bezieht sich auch der lateinische Artname *fragilis* = zerbrechlich). Männliche Blindschleichen sind überwiegend gräulich, hellbraun oder rötlichbraun gefärbt, die etwas größeren Weibchen sind oberseits hell-bleifarben, haben dunklere Flanken und tragen meist eine dunkle Rückenlinie, die den Männchen gewöhnlich fehlt. Auch die frisch geschlüpften Jungtiere, die etwa 7–9 cm lang und blass-gelblich bis golden oder silbergrau gefärbt sind, tragen diesen dunklen Rückenstreifen, der sich bei den Männchen dann als Subadulte verliert. Im östlichen und nördlichen Teil des Verbreitungsgebietes zeigen manche alten Männchen an der Oberseite kleine blaue Flecken (GLANDT 2010). Maximalgewichte großer adulter

Tiere liegen bei gut 70 g, der Durchschnitt geschlechtsreifer Tiere (aus einer Studie im südlichen Odenwald) lag dagegen mit 26,3 g für Männchen und 29,8 g für Weibchen deutlich darunter (WAITZMANN, in GÜNTHER & VÖLKL 1996b). Blindschleichen sind übrigens keineswegs blind, sondern haben gut entwickelte Augen und bewegliche Augenlider. Ihr deutscher Name geht wahrscheinlich auf das althochdeutsche „Plintslicho" zurück, was etwa „blendender Schleicher" (abgeleitet von der fast „metallisch" glänzenden Körperoberfläche der Tiere) geheißen haben könnte (GÜNTHER & VÖLKL 1996b). Die Frage der Unterartenaufspaltung ist bislang nicht abschließend geklärt. Während PETZOLD (1971) noch 13 Varietäten aufführt, werden heute nur noch zwei „gute" Unterarten in der Literatur genannt, nämlich neben der Nominatform *A. f. fragilis* noch die östliche Unterart *A. f. colchicus* (GLANDT 2010).

7.2 Verbreitung

Die Blindschleiche ist über große Teile Europas und dort großenteils flächendeckend verbreitet. Sie besiedelt in der Nominatform Nord-, West- und Mitteleuropa (von Nordspanien im Westen über England und Skandinavien im Norden und Italien – ohne Sizilien – im Süden). In Osteuropa (dem größten

Beinlos, schlangenähnlich und doch eine Echse: Die Blindschleiche.

Teil des Balkans bis Süd-Griechenland, der nördlichen Türkei und dem westlichen Iran) ist die Unterart *A. f. colchicus* verbreitet. Auf der Peleponnes kommen die Blindschleiche und die nahe verwandte Peleponnes-Blindschleiche *(Anguis cephallonicus)* im Nordosten sympatrisch vor (GLANDT 2010).
In Deutschland ist die Art weiträumig verbreitet – mit einem Verbreitungsschwerpunkt in den bewaldeten Mittelgebirgen. Auf den meisten Nordseeinseln und in den küstennahen Marschgebieten fehlt sie dagegen (GLANDT 2010, VÖLKL & ALFERMANN 2007).

7.3 Lebensräume und Nahrung

Blindschleichen sind unspezialisierte Bewohner einer Vielzahl unterschiedlicher Lebensräume. Sie bewohnen bevorzugt lichte Laubwälder und sonnige Waldränder, sind aber auch an Hecken, an Mooren, in Heidegebieten, auf Brachen und Schneisen, auf Wiesen, Bahndämmen, in Parkanlagen und sogar naturnahen Hausgärten bis in Höhenlagen von etwa 2.000 m zu finden. Deckungsreiche, etwas bodenfeuchte Vegetation bildet bevorzugte Aufenthaltsorte, aber ebenso nutzen die Tiere Sonnenplätze auf Totholz, Torf- oder Grassoden, allerdings müssen stets Versteckplätze in unmittelbarer Nähe und leicht zu erreichen sein. Das können Erdlöcher oder Höhlungen unter Baumstubben, Moospolster oder Laubhaufen sein, aber auch anthropogen eingebrachte Strukturen wie Bretter, Folien und Bleche nehmen die Tiere gern an, weil diese sich meist schnell erwärmen (diese Eigenschaft machen sich z. B. Feldforscher zum Nachweis von Blindschleichen zunutze, siehe Kapitel 4) und wohl auch weil sich unter solchen Örtlichkeiten vielfach Nacktschnecken und Regenwürmer als ihre bevorzugte Beute finden lassen. An besonders günstigen Versteckplätzen finden sich dann nicht selten auch mehrere Tiere ein. Letzteres gilt besonders auch für die Überwinterung. Oftmals 30 und mehr Tiere überwintern an geeigneten frostfreien Plätzen, bevorzugt in Höhlungen oder unterirdischen Gängen, die die Tiere teilweise selbst ins Erdreich bohren und später zu den Ausgängen hin mit Moos oder Erde verschließen (GÜNTHER & VÖLKL 1996b, VÖLKL & ALFERMANN 2007).

Blindschleichen ernähren sich primär von Nacktschnecken und Regenwürmern, aber auch Asseln, Heuschrecken, Käfer, Ameisen und kleinere Spinnen gehören zum erweiterten Beutespektrum, wenn sie ihrer denn habhaft werden können (GÜNTHER & VÖLKL 1996b).

Auch Spinnen gehören zum Nahrungsspektrum der Blindschleiche.

7.4 Jahresrhythmus

Das „aktive" Blindschleichen-Jahr dauert in Mitteleuropa von März bis Oktober, weiter nördlich und weiter östlich sind die Tiere – je nach den klimatischen Bedingungen – manchmal erst ab Juni aktiv. Die Paarungszeit beginnt etwa Anfang bis Mitte April und endet etwa im Juni. Die Jungen werden nach einer Tragzeit von 11–14 Wochen meist im August oder September geboren. Spätestens Ende Oktober ziehen sich die adulten Tiere in ihre Winterquartiere zurück. Während ihrer Aktivitätsperiode finden bei den Alttieren drei bis vier Häutungen statt, die jeweils ein bis zwei Wochen dauern können.

Blindschleichen sind überwiegend tagaktiv, wobei die Hauptaktivitätszeiten in den frühen Morgenstunden bis etwa 10 Uhr und am frühen Abend von etwa 18–21 Uhr liegen. Bei feucht-milder Witterung sind sie auch ganztätig außerhalb ihrer Verstecke anzutreffen. Die Thermoregulation findet oftmals auch in den frühen Abendstunden auf den aufgeheizten Asphaltbelägen der Straßen statt, was hier und dort zu vielen Todesfällen unter den Tieren führt.

7.5 Fortpflanzung

Zur Paarungszeit, die bei uns in Deutschland meist Anfang bis Mitte April beginnt, kommt es zunächst recht häufig zu Rivalenkämpfen zwischen adulten Männchen. Dabei umschlingen sich die Tiere, versuchen sich zu Boden zu drücken und beißen sich gegenseitig in Flanken oder Nacken. Diese sogenannten Kommentkämpfe sind im Freiland allerdings ebenso selten zu beobachten, wie die Paarungen der Blindschleichen. Auch dazu verbeißen sich die Männchen in den Nacken des Weibchens und versuchen dann ihren Körper in die richtige Position zur Kopulation zu drehen. Dabei wird einer der beiden Hemipenes in die Kloake des Weibchens eingeführt. Eine solche Kopulation kann u. U. mehrere Stunden dauern. Etwa drei Monate danach werden 6–10 (minimal 2, maximal 21) Jungtiere geboren, die sich zunächst noch in einer dünnen, klaren Eihülle befinden, die während des Geburtsvorganges abgestreift wird. Die Jungen sind zwischen 70 und 80 mm lang und wiegen weniger als 1 Gramm. In den nächsten Wochen bis zur ersten Überwinterung legen die Jungtiere kaum an Gewicht und Länge zu, erst im darauf folgenden Jahr erreichen sie Kopf-Rumpf-Längen von bis zu 100 mm und Gewichte bis 3,5 Gramm. Erst im dritten Jahr werden sie mit Kopf-Rumpf-Längen von 120–150 mm geschlechtsreif und nehmen am Fortpflanzungsgeschehen innerhalb ihrer Population teil (GÜNTHER & VÖLKL 1996b, GLANDT 2010).

Alttiere erreichen im Durchschnitt weniger als einen halben Meter Gesamtlänge. Gerade geborene Jungtiere sind kaum fingerlang.

7.6 Vergesellschaftungen

Entsprechend ihrer breit gefächerten Lebensraumnutzung kommt die Blindschleiche sowohl syntop mit Arten feuchterer Gebiete (Kreuzotter, Waldeidechse) als auch solchen aus eher trockeneren Lebensräumen (Schlingnatter, Zauneidechse) vor. An Gewässerrändern wird sie gelegentlich zusammen mit der Ringelnatter, und in den wärmebegünstigten südwestdeutschen Verbreitungsgebieten der Smaragdeidechse auch syntop mit dieser sowie den dort vorkommenden Äskulapnattern und Mauereidechsen angetroffen (GÜNTHER & VÖLKL 1996b).

7.7 Beutegreifer, Gefährdung und Status

Blindschleichen haben eine Vielzahl von Fressfeinden, unter denen Fuchs, Marder, Iltis und Wildschwein die größte Rolle spielen. Im Siedlungsbereich sind es vor allem (verwilderte) Hauskatzen, die den Tieren oftmals gezielt nachstellen. Aber auch Hunde und Hühner stellen in Gärten eine gewisse Gefahr für Blindschleichen dar. Unter den Gefiederten sind Mäusebussard, Rabenkrähe, Elstern und Turmfalken als gelegentliche Prädatoren zu nennen, unter den Reptilien gilt die Schlingnatter als herausragender Beutegreifer (GLANDT 2010).

Neben diesen tierischen Prädatoren spielt auch der Mensch wiederum eine zentrale Rolle bei der Gefährdung von Blindschleichenbeständen – sei es durch massive bauliche Eingriffe in die Landschaft, sei es durch die Mahd von Straßenböschungen mit Kreiselmähern und Elektrosensen (mit denen die kaum flüchtenden Tiere quasi zerschreddert werden), sei es durch „Aufräumen" der Landschaft (z.B. Beseitigung von

Auch Rabenvögel gehören zu den Prädatoren der Blindschleiche.

Wegrändern und strukturreichen Waldrändern), sei es durch intensiv-landwirtschaftliche Nutzung von Agrarflächen oder durch Einsatz von Pestiziden oder auch „Schneckenkorn", das bei den Blindschleichen durch die aufgenommene Schneckennahrung schwere Vergiftungen hervorruft. All dies zerstört oder beeinträchtigt bestimmte Lebensräume bzw. dezimiert hier und dort auch direkt die Blindschleichenbestände.

Schneckenkorn …

Schließlich muss noch das unsägliche Erschlagen und Zertreten von Blindschleichen, die auch heute noch von vielen Zeitgenossen für möglicherweise giftige Schlangen gehalten werden, als Gefährdungsursache genannt werden. Dagegen hält sich der Wegfang von Tieren durch Terrarianer heute sehr in Grenzen, denn die meisten Reptilienhalter setzen eher auf exotische Arten oder wenn schon europäische bzw. „deutsche" Arten, dann müssen es wenigsten so farbenprächtige Tiere wie die beiden Smaragdeidechsenarten sein.

und der Straßenverkehr zählen zu den Hauptgefährdungs-ursachen für Blindschleichen.

Trotz aller zuvor genannten Gefährdungsursachen ist die Blindschleiche heute aber noch die häufigste „deutsche" Reptilienart und gilt bundesweit als „ungefährdet". Dennoch gehört sie wie alle Reptilienarten in Deutschland zu den „besonders geschützten Arten" und darf weder getötet, noch gefangen oder als Terrarientier aus der Natur entnommen werden. Somit ist auch die Haltung von Blindschleichen ausschließlich mit legalen Nachzuchttieren erlaubt, deren Herkunft der zuständigen Behörde bei der Anmeldung nachgewiesen werden muss.

7.8 Schutzmaßnahmen

Schutzmaßnahmen müssen zunächst auf den Erhalt der natürlichen Lebensräume der Tiere abzielen. Dazu gehört die Extensivierung der Landwirtschaft, die Vermeidung einer allzu intensiven Aufforstung zumindest in einigen Bereichen, das Aussetzen der „Flurbereinigung" und des „Aufräumens" von Wegsäumen und strukturreichen Waldrändern und darüber hinaus die Vermeidung von Pestizideinsatz, die Verbannung von Schneckenkorn aus den Privatgärten sowie das sorgfältige Absuchen von Böschungen und Wiesen vor dem Mähen (GLANDT 2010). Auch kleine „Nachhilfestunden" in den örtlichen Schulen und Kindergärten können in Gebieten mit großen Blindschleichen-Beständen dahin gehend für Aufklärung sorgen, dass die Tiere künftig nicht mehr für (Gift-)Schlangen gehalten und unbedacht getötet werden.

Dieses seltene Foto zeigt eine Blindschleiche und eine Zauneidechse im gleichen Lebensraum. *Foto: Petra Schmidt*

7.9 Beobachten, Kartieren, Fotografieren

Blindschleichen im Freiland zu beobachten, gehört in manchen Gegenden Deutschlands schon fast zur „hohen Schule". Meist trifft man in Gebieten mit geringen Bestandsdichten nur zufällig auf ein sich sonnendes Exemplar in der Krautschicht. Entsprechend sind gezielte Nachsuchen meist wenig erfolglos, die Beobachtungsergebnisse dementsprechend mager. Mehr Erfolg hat man dagegen z. B. beim Suchen unter Müll (Brettern, Plastiktüten) und unter zuvor ausgelegten künstlichen Verstecken, wie z. B. Wellbleche, Dachschindeln oder Schaltafeln (zum Nachweis von Blindschleichen bei Kartierungsmaßnahmen vgl. Kapitel 4). Auch das Fotografieren von Blindschleichen ist nicht ganz einfach. Denn oftmals liegen die Tiere etwas versteckt in der Krautschicht und sind nicht ganz zu sehen. Oder sie entfernen sich beim Entdecktwerden allzu rasch, so dass man gerade noch das hintere Ende auf das Foto bekommt. Man kann in Ausnahmefällen versuchen, ein Tier zu ergreifen und dann zu fotografieren, aber aus Naturschutzgründen sollte der Laie das lieber den Fachleuten überlassen, die dann zudem weitere Untersuchungen (Färbung, Gesamtlänge, Gewicht, besondere Merkmale) an den Tieren vornehmen und sie dann unverzüglich wieder in ihren Lebensraum entlassen. Beim Fang der Tiere kommt es auf rasches und behutsames Zugreifen *etwa in der Körpermitte* an, damit man die Tiere nicht etwa unbeabsichtigt am Schwanz erwischt, der recht schnell abgeworfen wird und die Schleiche dann zunächst für längere Zeit verstümmelt (auch wenn er mit der Zeit verkürzt wieder nachwächst).

8 HEIMISCHE EIDECHSEN IM TERRARIUM – wozu, warum, was soll's?

DIE HALTUNG VON HEIMISCHEN EIDECHSEN IM TERRARIUM IST NICHT GERADE BESONDERS POPULÄR. VIEL EHER ZIEHT ES DIE TERRARIANER ZU DEN FARBENPRÄCHTIGEREN EXOTISCHEN ARTEN.

Das mag unterschiedliche Gründe haben. Zum einen spielt vermutlich die Rechtslage eine gewisse Rolle. Während die überwiegende Mehrzahl der im Handel angebotenen nicht-europäischen Amphibien- und Reptilienarten ohne Genehmigung, ohne Herkunftsnachweis für die Tiere (oder Sachkundenachweis für die Halter) im einschlägigen Terrarienhandel erworben werden kann, sind bei der Haltung einheimischer Arten bestimmte Gesetzesvorschriften zu beachten (siehe den nächsten Abschnitt). Zum zweiten gelten Tiere der einheimischen Arten oft als „Allerweltstiere", die schon in der Frühzeit der Terraristik vielfach gehalten, gezüchtet und ausführlich beschrieben wurden, so dass für viele Terrarianer einfach der Anreiz zu ihrer Haltung und Zucht fehlt. Und nicht zuletzt spielen auch die Absatzmöglichkeiten der Jungtiere eine gewisse Rolle. Da die hier besprochenen sechs

Arten (einschließlich der Blindschleiche) bevorzugt im Freilandterrarium gehalten werden sollten, schränkt dies die Möglichkeiten vieler Terrarianer, die nur über den Platz für eins oder wenige Zimmerterrarien verfügen, deutlich ein. Und wenn zudem der Absatz der Jungtiere stagniert, weil die Nachfrage eben recht gering ist, werden viele Liebhaber eher auf attraktivere und mehr nachgefragte Arten ausweichen. Warum also Zauneidechse und Co.?

Dafür gibt es wiederum ganz unterschiedliche Motive bei den Haltern. Zum einen spielt der „sentimentale Faktor" eine Rolle. Zauneidechsen, Mauereidechsen und erst recht die farbenprächtigeren Smaragdeidechsen verkörpern in gewisser Weise noch die „heile Welt" und unberührte Natur vor der Haustür, die es früher vielerorts noch gab. Heute sind die genannten Arten selten(er) geworden, ihre Lebensräume werden immer kleiner, manche sind stark gefährdet oder vom Aussterben bedroht. Die Haltung in großen geschützten Freilandterrarien mag für manche Terrarianer noch ein gewisser „Ersatz" für die ringsum zerstörte Naturlandschaft sein.

Als zweiten Aspekt möchten wir den „Werbeaspekt" nennen. Zauneidechsen und Co können Werbeträger für die gesamte heimische Amphibien- und Reptilienfauna sein, deren Vertreter allesamt durch Umwelteinflüsse

Freilandterrarien mit *(legal gehaltenen!)* heimischen Eidechsen können gute „Werbeträger" für den Naturschutz sein.

beeinträchtigt, gefährdet oder gar vom Aussterben bedroht sind. Immer wieder haben wir erlebt, dass unsere Molche und Grünfrösche in unseren Gartenteichen bei unseren Besuchern zwar ein gewisses Interesse erzeugten. Wenn wir aber an schönen Sommertagen unsere Eidechsen in den Freilandterrarien „präsentieren" können, geht ein anderes Erstaunen durch unsere Gäste. Heimische Reptilien dort zu beobachten, wo, wie bei uns im Ruhrgebiet, die nächste Freilandpopulation viele Kilometer entfernt liegt, ist schon ein besonderes Ereignis. Wir haben uns dieses Erstaunen mittlerweile zunutze gemacht und laden inzwischen regelmäßig Kindergärten, Senioren-und Behindertengruppen zu uns ein, um ihnen diese Beobachtungen zu ermöglichen. Die Tiere werden damit gewissermaßen zu „Botschaftern" für den Erhalt der noch bestehenden Naturflächen.

Zum dritten gibt es einen „Artenschutzaspekt". Die Zucht solcher Arten in Menschenobhut kann in zweierlei Hinsicht sinnvoll sein. Zunächst erhöht eine seriöse, sach- und artgemäße Haltung und Zucht den Bestand der Tiere in Menschenobhut – wobei im Falle der beiden Smaragdeidechsenarten dringend auf Artenreinheit zu achten ist. Mittlerweile sind die Zuchtbestände aller heimischen Arten so groß, dass niemand mehr auf die verantwortungslose Idee verfallen müsste, Exemplare dieser Arten im Freiland wegzufangen. Auch die Preise für Tiere aller sechs Arten sind ausgesprochen moderat, so dass auch das Preisargument wegfällt. Dennoch werden hin und wieder noch Fälle solchen Naturfrevels bekannt, besonders bei den seltenen Östlichen Smaragdeidechsen in Brandenburg. Dazu die frühere brandenburgische Ministerin für Umwelt, Gesundheit und Verbraucherschutz, Anita Tack, im Wortlaut: „Selbst in Brandenburg sind Tier- und Pflanzenarten als Folge illegaler Naturentnahme und Handels in ihrem Bestand gefährdet oder sogar von der Ausrottung bedroht. So haben die Bestände der extrem seltenen Smaragdeidechse in den letzten Jahren durch illegalen Wegfang um 80 Prozent abgenommen." (TACK 2010).
Um auf die Zucht zurückzukommen: Das Angebot deckt inzwischen bei Weitem die Nachfrage, so dass mittlerweile hier und dort auch wieder heimische

Eidechsen in den Terrariengeschäften „angekommen" sind. Die meisten werden allerdings nach wie vor üblicherweise unter Züchtern hin- und her getauscht oder verkauft.

Zum anderen kann eine gezielte Zucht dort sinnvoll und ein Beitrag zum Artenschutz sein, wo man Neuansiedlungen bzw. Wiederansiedlungen von Eidechsenpopulationen plant. Nicht allzu selten gehen heute natürliche Populationen aufgrund von Bauvorhaben oder Straßenbau verloren. Wenn Umsiedlungen möglich sind, mag hier und dort eine Aufstockung (Restocking) der eingefangenen (Meta-)Population sinnvoll sein. Üblicherweise sieht man allerdings heute von dieser Methode ab, denn die Gefahr, dass Krankheitserreger in die Restbestände einer umgesiedelten Population eingebracht werden, ist zu hoch und führt dann möglicherweise (auf andere Weise) zu deren Aussterben. Häufiger werden Neuansiedlungen oder Wiederansiedlungen in Gebieten mit historischen Vorkommen der jeweiligen Arten vorgenommen, wenn das dazu erwählte Freisetzungsgebiet als geeigneter Lebensraum klassifiziert wurde. Bei solchen Projekten können somit profilierte, erfahrene Züchter mit der Bereitstellung gesunder Jungtiere zum Erfolg beitragen.

Ein vierter Aspekt, der für die Haltung und Zucht einheimischer Arten sprechen kann, ist der „Wissenschaftsaspekt". Trotz jahrzehntelanger Haltung und Zucht der Tiere finden professionelle und auch Amateurforscher immer noch Neues zur Biologie der heimischen Arten in großen Freilandterrarien heraus. Im damaligen Biologischen Institut Metelen im Münsterland beispielsweise wurden in riesigen Freilandterrarien viele Neuerkenntnisse über die Biologie von Zaun- und Waldeidechsen gewonnen (vgl. GLANDT 1988). Und aktuell sind die Ergebnisse der Forschungsarbeiten von WEYRAUCH (2005) ein gutes Beispiel für die detaillierte ethologische Erforschung der Zauneidechse. Diese und manche weiteren Erkenntnisse sind in Freianlagen und großen Terrarien gewonnen worden und tragen maßgeblich zum besseren Verständnis der Biologie, Ökologie und Ethologie mancher Arten bei. Auch Fragen der Artverwandtschaft bei den Smaragdeidechsen sind zunächst durch Hybridisierungsstudien (überwiegend) in Terrarien gewonnen worden und haben – noch bevor man mit DNA-Studien die genauen Verwandtschaftsverhältnisse klären konnte – schon zu überzeugenden Erkenntnissen (mit der Aufspaltung in zwei polytypische Arten) geführt (vgl. NETTMANN 2001, RYKENA 2001).

Als fünften und letzten möchten wir den „Beobachtungs- und Dokumentationsaspekt" nennen. Kaum eine andere Reptiliengruppe (abgesehen von den mediterranen Land- und europäischen Sumpfschildkröten) lässt sich so schön und über die gesamte Aktivitätszeit hinweg im Freilandterrarium beobachten und fotografieren wie die heimischen Eidechsen. Schön gestaltete und gut bepflanze Freilandterrarien geben immer einen „Naturausschnitt" wieder, in dem auch die dort beobachteten und fotografierten Tiere nicht den Eindruck von „Gefangenschaft", sondern bestenfalls von artgemäßer Haltung in Menschenobhut machen. Die entstandenen Fotos zeigen oftmals die Tiere in fast „natürlicher Umgebung" – ohne störende Technikdetails, ohne Umrandungen oder anderes störendes Beiwerk des umgebenden Terrariums. Solche Fotos bekommt man oftmals nur schwer im Freiland (siehe Kapitel 3).

Sie sehen also, liebe Leser, es gibt diverse Gründe für die Beschäftigung mit und die Haltung von heimischen Eidechsen im Terrarium – vor allem im Freilandterrarium (siehe auch Kapitel 10). Allerdings darf an dieser Stelle der Hinweis nicht fehlen, dass die Haltung von Eidechsen auch mit Arbeit und Kosten verbunden ist. Gerade wenn mehrere Klein-, Mittel- und Großterrarien betreut werden müssen, wenn regelmäßig Säuberungen vorgenommen, Glasscheiben gereinigt, Futtertiere beschafft, Brutmaschinen überwacht und Jungtiere aufgezogen werden müssen, kann das Eidechsenhobby auch schon mal in „Arbeit" ausarten. Dazu kommen – vor allem beim Betrieb mehrerer Zimmerterrarien – auch die zum Teil beachtlichen Stromkosten für Beleuchtung und Beheizung, die dann im Jahresenergieetat mit eingeplant werden müssen. Und schließlich sei noch vermerkt, dass manche Eidechsen (mehr als 12 Jahre) und besonders auch die Blindschleichen (mehr als 30 Jahre!) im Terrarium ein beachtliches Lebensalter erreichen können und demzufolge über viele Jahre eine gleichbleibende Betreuung und Pflege benötigen. Auch das muss bei der Anschaffung zweifellos mit bedacht werden!

9 RECHTSFRAGEN bei der Haltung einheimischer Eidechsen

ALLE EINHEIMISCHEN REPTILIEN- UND AMPHIBIENARTEN IN DEUTSCHLAND SIND GESCHÜTZT – ALLERDINGS MIT UNTERSCHIEDLICHEM STATUS.

Daraus folgt, dass die Tiere weder aus der Natur entnommen, noch so ohne weiteres im Terrarium gehalten werden dürfen. Der Schutzstatus der einzelnen Arten ergibt sich zunächst aus der Roten Liste (Stand: 2009) (HAUPT et al. 2009). Demnach gelten derzeit bundesweit gesehen Waldeidechse und Blindschleiche als nicht gefährdet, Zauneidechse und Mauereidechse stehen auf der so genannten Vorwarnliste, derweil die Westliche Smaragdeidechse als stark gefährdet und die Östliche Smaragdeidechse als vom Aussterben bedroht eingestuft ist. Die nachfolgende Tabelle listet den Gesamtstatus für die Bundesrepublik und den jeweiligen Gefährdungsstatus für die einzelnen deutschen Bundesländer auf.

ART	BRD	BB	BE	BW	BY	HE	HH	MV	NI	NW	RP	SH	SL	SN	ST	TH
Blindschleiche	*	**	3	*	V	V	D	3	*	V	V	G	*	*	*	*
Zauneidechse	V	3	3	V	V	3	2	2	3	2	V	2	3	3	3	*
Westliche Smaragdeidechse	2	-	-	1	-	0	-	-	-	-	1	-	-	-	-	-
Östliche Smaragdeidechse	1	1	-	-	1	-	-	-	-	-	-	-	-	-	-	-
Mauereidechse	V	-	-	2	1	2	-	-	-	2	3	-	*	-	-	-
Waldeidechse	*	G	3	*	*	V	3	3	*	V	V	*	V	*	*	*

Die Symbole in der Tabelle bedeuten: 0 = ausgestorben, 1= vom Aussterben bedroht, 2= stark gefährdet, 3 = gefährdet, G =Gefährdung anzunehmen, aber Status unbekannt, V =Vorwarnliste, *= ungefährdet, ** = mit Sicherheit ungefährdet, -= kein Vorkommen

KÜRZEL	BUNDESLAND	KÜRZEL	BUNDESLAND
BB	Brandenburg	MV	Mecklenburg-Vorpommern
BE	Berlin	RP	Rheinland-Pfalz
BW	Baden-Württemberg	SH	Schleswig-Holstein
BY	Bayern	SL	Saarland
HE	Hessen	SN	Sachsen
HH	Hamburg	ST	Sachsen-Anhalt
NI	Niedersachsen und Bremen	TH	Thüringen
NW	Nordrhein-Westfalen		

Die Umsetzung der Erkenntnisse aus der Roten Liste (Schutzmaßnahmen, Haltungsgenehmigungen, Kennzeichnungs-, Melde- und Buchführungspflicht) werden im Bundesnaturschutzgesetz (BNatSchG) (Fassung vom 29.07.2009) und in der Bundesartenschutzverordnung (BArtSchV) (Fassung vom 25.02.2005) geregelt. Demnach gelten derzeit – unabhängig vom o.g. Status der Roten Liste – gemäß § 1 Satz 1 BArtSchV alle europäischen Reptilienarten als „besonders geschützte Arten" (Anlage 1, Spalte 2). Sie unterliegen damit bestimmten Besitz- und Vermarktungsverboten. Die legale Haltung von Wirbeltieren der besonders geschützten Arten regeln die Paragraphen 44,45 und 46 des BNatSchG und die Rahmenbedingungen des § 7 BArtSchV.

Kurz zusammengefasst haben wir es dabei mit Fragen des Artenschutzes, des Tierschutzes, der Sachkenntnis und ggf. auch des Baurechts und des Mietrechts zu tun.

Im Interesse des **Artenschutzes** ist es nach § 44 BNatSchG, Abs. 1, Satz 1a zwar generell „ verboten, wild lebenden Tieren der besonders geschützten Arten nachzustellen, sie zu fangen, zu verletzen oder zu töten oder ihre Entwicklungsformen aus der Natur zu entnehmen, zu beschädigen oder zu zerstören". Weiterhin ist es nach § 44 Abs. 2, Satz 1 und 2 ebenfalls verboten, „Tiere und Pflanzen der besonders geschützten Arten in Besitz oder Gewahrsam zu nehmen, in Besitz oder Gewahrsam zu haben [...] zu verkaufen, zu kaufen, zum Verkauf oder Kauf anzubieten, zum Verkauf vorrätig zu halten oder zu befördern, zu tauschen oder entgeltlich zum Gebrauch oder zur Nutzung zu überlassen". Dass aber auch Ausnahmen möglich sind, deutet der § 7 (1) der Bundesartenschutzverordnung (BArtSchV) an: „Wirbeltiere der besonders geschützten Arten dürfen nur gehalten werden, wenn sie keinem Besitzverbot unterliegen". Wann aber liegt kein Besitzverbot vor? Wenn nach § 45, Abs. 1 Tiere der besonders geschützten Arten „in der Gemeinschaft gezüchtet und nicht herrenlos geworden sind" oder „aus Drittstaaten in die Gemeinschaft gelangt sind". Allerdings sind Besitz und die Haltung von besonders geschützten Arten nur dann erlaubt, wenn deren rechtmäßige Herkunft nachgewiesen werden kann. Nach § 46, Abs. 1 BNatSchG gilt eine sogenannte Beweislastumkehr, d.h. der Halter muss der Naturschutzbehörde gegenüber den rechtmäßigen Besitz der besonders geschützten Arten nachweisen! Dieser Nachweis kann z. B. mit einer Kopie der Einfuhrgenehmigung oder einer Zuchtbescheinigung und der dazugehörenden Rechnung erbracht werden.

Im Sinne des **Tierschutzes** muss der Halter (nach § 7, Abs. 1 BArtSchV) erstens „die erforderliche Zuverlässigkeit und ausreichende Kenntnisse über die Haltung und Pflege der Tiere" haben und zweitens „über die erforderlichen Einrichtungen verfüg(en), die Gewähr dafür bieten, dass die Tiere nicht entweichen können und die Haltung den tierschutzrechtlichen Vorschriften entspricht [...]". Die erforderlichen Kenntnisse müssen gegenüber der Behörde auf Verlangen nachgewiesen werden. Das erfolgt heute üblicherweise über einen sogenannten „Sachkundenachweis", der in Tagesseminaren, z. B. bei der DGHT, dem BNA oder einem anderen autorisierten Naturschutzverband erworben werden kann.
Die Forderungen nach den „erforderlichen Einrichtungen [...], die Gewähr dafür bieten, dass die Haltung den tierschutzrechtlichen Vorschriften entspricht" berührt zum einen die artgemäße Haltung (also den Tierschutzaspekt), zum anderen aber auch die sogenannte „**Tiergehegegenehmigung**" bzw. auch das **Baurecht**. Über Fragen der artgemäßen Tierhaltung und den zugrunde liegenden Kriterien kann man lange streiten. Drei dazu befragte Experten würden dazu vermutlich drei verschiedene Aussagen treffen. Einen gewissen Anhaltspunkt bietet das vom Bundesministerium für Ernährung, Landwirtschaft und Forsten (in Zusammenarbeit mit der DGHT) herausgegebene „Gutachten über die Mindestanforderungen an die Haltung von Reptilien" (besonders Abschnitt 2) vom 10. Januar 1997 (BMEL 1997).

Demnach kämen für die hier besprochenen Eidechsenarten und die Blindschleiche durchaus auch gewöhnliche Zimmerterrarien in der Mindest-Größenordnung ab etwa 50(–100) cm in Frage. Wenn in diesem Buch

Ein neu angelegtes Freilandterrarium mit Initialbepflanzung.

aber großen Freilandterrarien im Garten (oder auf dem Balkon bzw. der Terrasse) der Vorzug gegeben wird, bedeutet dies nicht automatisch, dass die eine Haltungsform immer die schlechtere, die zuletzt genannte zwangsläufig immer die bessere sein muss. Näheres dazu wird in Kapitel 10 ausführlich dargestellt.

Rein formal ist für den Bau und den Betrieb eines Tiergeheges außerhalb des Wohnhauses für die meisten Tierhaltungen, besonders für die Haltung besonders geschützter Arten, eine **Tiergehegegenehmigung** erforderlich (§ 43 BNatSchG). Allerdings ist die Ausgestaltung dieses Gesetzes in der Regel Ländersache und wird über das jeweilige Landesnaturschutzgesetz geregelt. Die einzelnen Bundesländer handhaben die Umsetzung momentan sehr unterschiedlich. Manche verlangen nur eine Mitteilung an die Behörde (Anzeigepflicht), manche machen die Errichtung einer solchen Anlage von einer behördlichen Genehmigung abhängig. Manche Behörden betrachten nur Anlagen über 50 m² Größe als genehmigungspflichtig, andere nur Anlagen von 50 m² Größe, in denen besonders geschützte

Arten gehalten werden, wiederum andere stellen sogenannte „Vogelvolieren" genehmigungsfrei, es sei denn, Greifvögel, Eulen oder Störche werden darin gehalten. Die wiederum sind genehmigungspflichtig. Von „Freilandterrarien" ist nirgendwo in einem Gesetzestext die Rede. Im Einzelfall tut der Eidechsen-Terrarianer also gut daran, sich mit dem Anliegen der Errichtung eines Freilandterrariums an seine zuständige Behörde (Untere Landschaftsbehörde, Umweltamt, Ordnungsamt usw.) zu wenden und die jeweiligen Erfordernisse zu erfragen.

Freilandterrarium mit vollständiger Drahtabdeckung als Prädatorenschutz.

Eine Beschilderung ist auch in privaten Anlagen für Besucher hilfreich.

Unabhängig davon gilt in jedem Fall das Baurecht des jeweiligen Bundeslandes. Hier wird das Bauamt der jeweiligen Stadt oder des Kreises entscheiden, ab wann es sich um eine Baumaßnahme handelt, die genehmigungspflichtig ist. Wer z. B. ein größeres Terrarienhaus mit festem Betonboden und gemauerten Wänden im Garten errichten möchte, benötigt mit hoher Wahrscheinlichkeit eine **Baugenehmigung**. Wer hingegen beispielsweise eine 2 m² große Freianlage für Zauneidechsen, die nicht fest mit dem Boden verbunden ist (und das Entweichen der Tiere z. B. durch einen engmaschigen Drahtboden verhindert), errichtet, die zudem nur fünf bis sechs Monate im Jahr genutzt wird, braucht mit ebenso hoher Wahrscheinlichkeit keinen Bauantrag zu stellen (und wahrscheinlich auch keine Tiergehegegenehmigung). Aber auch hier gilt: Besser man fragt einmal zu viel bei seiner zuständigen Behörde nach, bevor man später bußgeldpflichtig genötigt wird, ein bestehendes Tiergehege wieder abzureißen.

Wenn denn alle Unklarheiten im Hinblick auf den rechtmäßigen Erwerb und die artgemäße Unterbringung der vorgesehenen Tiere beseitigt sind, bedarf es noch einiger formaler Schritte, um seine Tiere behördlich zu legalisieren. Sie müssen nämlich grundsätzlich artenschutzrechtlich gekennzeichnet und der Behörde gemeldet werden. Denn § 7 Abs. 2 BArtSchV regelt folgendes: Wer Tiere der besonders geschützten Arten hält „hat der nach Landesrecht zuständigen Behörde unverzüglich nach Beginn der Haltung den Bestand der Tiere und nach der Bestandsanzeige den Zu- und Abgang sowie eine Kennzeichnung von Tieren unverzüglich schriftlich anzuzeigen. Die Anzeige muss Angaben enthalten über Zahl, Art, Alter, Geschlecht, Herkunft, Verbleib, Standort, Verwendungszweck und Kennzeichen der Tiere. Die Verlegung des regelmäßigen Standorts der Tiere ist unverzüglich anzuzeigen".

Eine solche **Meldung** ist grundsätzlich nur ein formloser Akt. Der zuständigen Behörde (Untere Landschaftsbehörde, Ordnungsamt, Umweltamt usw.) wird der Erwerb der Tiere innerhalb einer Woche mitgeteilt. Als Nachweis des legalen Erwerbs kann eine Zuchtbescheinigung des Züchters, die Rechnung einer Zoohandlung oder ein entsprechendes Einfuhrpapier in Kopie vorgelegt werden. Das Original verbleibt in den eigenen Akten (es sei denn, die Behörde besteht auf der Vorlage des Original-Dokumentes). Darüber hinaus ist die Anlage eines Zuchtbuches oder Bestandsbuches sinnvoll, in das alle Zu- und Abgänge bzw. Nachzuchten eingetragen werden. Wenn ein im Besitz befindliches Tier später weitergegeben wird oder verstirbt oder wenn Nachzuchten erzielt werden, ist der Behörde dies wiederum formlos zu melden. Es gibt aber z. B. beim

BNA (Bundesverband für fachgerechten Natur- und Artenschutz e. V.) ein Formblatt, das man ausfüllen und den Behörden zusenden kann. In der Regel rückbestätigen die Behörden die jeweilige Anmeldung von Tieren schriftlich. Diese Anmeldebestätigung ist mit den übrigen Papieren des jeweiligen Tieres sorgfältig aufzubewahren. Denn Nachzuchten dürfen z. B. nur dann weitergegeben werden, wenn alle Verwaltungsvorgänge (in diesem Fall die Meldung der Jungtiere) ordnungsgemäß vollzogen wurden.

Schwieriger gestaltet sich in unserem Fall der einheimischen Eidechsen eine Kennzeichnung zur unverwechselbaren Erkennung der Tiere. Für große Reptilien sind Transponder vorgesehen, für Schildkröten Fotodokumentationen der Panzerform und -färbung, aber für kleine Reptilien der besonders geschützten Arten hat der Gesetzgeber keine ausdrückliche Kennzeichnungsvorgabe gemacht. Dennoch besteht grundsätzlich eine Kennzeichnungspflicht. Hier wird sich der Halter mit den zuständigen Behördenvertretern einigen müssen, wie

Schön gestaltetes und bepflanztes Zimmerterrarium.

dieser Punkt zu handhaben ist. Bei Zauneidechsen beispielsweise ließe sich aufgrund der individuellen Rückenfärbung eine Fotodokumentation der gehaltenen Tiere erstellen, was bei allen anderen hier behandelten Arten – eventuell noch abgesehen von der Waldeidechse – schwierig ist. Im Einzelfall wird die Behörde vermutlich von einer expliziten **Kennzeichnung** der Tiere absehen (müssen), ihr wird dann der Herkunftsnachweis genügen, zumal wenn es sich um kleine Privathaltungen mit nur wenigen gemeldeten Individuen handelt. Aber auch hier gilt: im Einzelfall besser bei der zuständigen Behörde nachfragen, wie sie es denn gern hätte, damit nicht irgendwann (bei Kontrollen) Unregelmäßigkeiten festgestellt und Ordnungswidrigkeitsverfahren eingeleitet werden.

Ein letzter Punkt zu Recht und Gesetz bei der Reptilienhaltung betrifft **Terrarien in der Mietwohnung**. Dazu sei angemerkt, dass grundsätzlich natürlich von Vorteil ist, wenn der Vermieter die Reptilienhaltung in der von ihm vermieteten Wohnung mündlich oder (besser noch) schriftlich gestattet oder zumindest kommentarlos duldet. Aber auch, wenn er das nicht ausdrücklich tut, gilt noch nicht automatisch die oft im Mietvertrag verankerte Klausel „Das Halten von Haustieren ist unzulässig" (oder ähnlich formuliert). Diese pauschale Formulierung hat das Bundesverfassungsgericht bereits vor Jahren als nichtig verworfen, insbesondere dann, wenn keine besonderen Beeinträchtigungen (z. B. für andere Mieter) von den gehaltenen Tieren ausgehen, z. B. Lärm- oder Geruchsbelästigung, Gefahren oder Allergien. Das alles ist bei der Reptilienhaltung (abgesehen von der Haltung großer Warane, Riesenschlangen sowie Giftschlangen) in der Regel nicht der Fall und darf laut aktueller Rechtsprechung somit nicht zum generellen Verbot (z. B. wie in unserem Fall der Haltung kleiner Eidechsen in Zimmerterrarien) führen. Auch bei Eigentumswohnungen kann ein mehrheitlicher Beschluss der Eigentümerversammlung kein generelles Tierhaltungsverbot aussprechen. Im Einzelfall ist es jedoch immer ratsam, sich mit anderen Mitbewohnern, Mietern oder Mit-Eigentümern zu einigen, damit der nachbarschaftliche Friede gewährleistet bleibt.

10 EIDECHSENHALTUNG IM ZIMMER – und Freilandterrarium

UM ES GLEICH VORWEG ZU NEHMEN: DIE UNSERER ANSICHT NACH GEEIGNETSTE FORM DER HALTUNG EINHEIMISCHER EIDECHSEN IST DIE HALTUNG IN GERÄUMIGEN FREILANDTERRARIEN – MIT DEM NACHTEIL, DASS DIE TIERE OFTMALS WENIGER PRÄSENT SIND, ALS IN KLEINEN ZIMMERTERRARIEN, WO SIE DAGEGEN GEWISSERMASSEN REGELMÄSSIG AUF DEM „PRÄSENTIERTELLER" LIEGEN.

Aber auch Freilandterrarien sind nicht für alle Situationen und Jahreszeiten das Non-Plus-Ultra, und somit haben auch Zimmerterrarien in der Eidechsenhaltung natürlich durchaus ihre Berechtigung. Schließlich ist auch nicht jeder Eidechsenhalter in der glücklichen Lage, über eine Terrasse oder einen Garten für die Anlage (oder auch nur vorübergehende Unterbringung) eines Freilandterrariums zu verfügen. So gesehen gibt es auch „logistische", aber vielleicht auch finanzielle Grenzen, darüber hinaus evtl. Vorbehalte der Familie gegen ein solches Terrarium im Garten usw.

10.1 Eidechsen im Zimmerterrarium

Der Anfänger in der Reptilienhaltung wird sich vermutlich in der Regel mit leicht beschaffbaren, preiswerten und wenig pflegeaufwändigen Reptilienarten beschäftigen. Die Bartagame ist hier das Standardbeispiel, aber auch bestimmte Anolisarten, kleine Leguane und unter den Schlangen die Kornnattern werden vom Zoofachhandel immer wieder als „Anfängerarten" angeboten. Darüber kann man oftmals geteilter Meinung sein. Einheimische Eidechsen bietet der Zoofachhandel dagegen recht selten an: Manchmal „verirren" sich dorthin Smaragdeidechsen, öfter auch mal die Perleidechsen als südeuropäische Verwandte und ganz selten auch mal Zauneidechsen (als überzählige Jungtiere aus den Zuchten örtlicher Eidechsenhalter). Das sind Arten für spezialisierte Liebhaber, die in der Regel fast nur von privaten Züchtern zu bekommen sind. Eine Bezugsquelle wäre z. B. die Arbeitsgemeinschaft Lacertiden, die innerhalb der DGHT angesiedelt ist und ein jährliches Zuchtregister führt und publiziert. Darin sind dann eben auch die einheimischen Arten vertreten, und man kann ggf. von dort Adressen von entsprechenden Züchtern bekommen. Die folgende Tabelle gibt einen Ausschnitt aus dem Nachzuchtgeschehen des Jahres 2010 wieder. Insgesamt meldeten in dem Jahr allerdings nur 21 Züchter der Arbeitsgemeinschaft ihre 109 gehaltenen Tiere (in 58 Arten und Unterarten), aus denen insgesamt 255 Nachzuchttiere hervorgingen (KRONIGER 2010).

Tab. 2: Nachzuchten von Eidechsen im Jahr 2010 innerhalb der Arbeitsgemeinschaft Lacertiden in der DGHT (ausgewählte Arten) (Quelle: KRONIGER 2010)

ART	wiss. Name	gehalten	Nachzucht
Zauneidechse	*Lacerta a agilis*	11	40
Zauneidechse	*L. a. argus*	12	18
Westliche Smaragdeidechse	*L. b. bilineata*	23	57

Iberische Smaragdeidechse	*Lacerta schreiberi*	11	24
Östl. Smaragdeidechse	*Lacerta viridis*	14	52
Perleidechse	*Timon lepidus*	7	22

Die Haltung einheimischer Eidechsen beginnt jedenfalls in der Regel auch in gewöhnlichen Glasterrarien, wie sie der spezialisierte Zoofachhandel in diversen Abmessungen anbietet. Das sind üblicherweise mit Silikon verklebte, oben geschlossene Glasbehälter, in deren Seiten und/oder Deckel für eine gute Querlüftung Lochbleche eingesetzt sind. Auf diese Weise wird einerseits Durchzug, andererseits schädliche Stickluft im Terrarium vermieden. Meist sind diese Behälter vorn durch zwei gegeneinander verschiebbare Glasscheiben, die in Aluminium- oder Kunststoffschienen laufen, zugänglich. An dieser Stelle sei gleich darauf hingewiesen, dass durch die Abstände der Schiebescheiben ggf. kleinste lebende Futtertiere (z. B. Mini-Heimchen für die Aufzucht weniger Tage alter Eidechsenjungtiere) entweichen können. Hier muss dann zumindest vorübergehend durch Dichtungsstreifen Abhilfe geschaffen werden. Oftmals werden die ganz jungen Eidechsen aber ohnehin in gesonderten Kleinstterrarien aufgezogen, so dass sich das genannte Problem dann nicht stellt.

Immer noch werden auch gewöhnliche ausrangierte Aquarien für die Reptilienhaltung verwendet. Sie weisen dann allerdings keine optimale Belüftung auf und begünstigen vor allem in den warmen Sommermonaten das Auftreten von stehender Stickluft. Viele Terrarianer lehnen diese umgebauten Konstrukte daher ab. Für die Haltung von einheimischen Eidechsen sind sie dagegen gar nicht so schlecht geeignet, wenn man die Oberseite mit einem Drahtgazegeflecht („Fliegendraht") abdeckt. Meist erfolgt ja auch nur eine punktuelle Beheizung/Beleuchtung, was wiederum den Wärmestaueffekt in Grenzen hält. Wer die Wahl und die nötigen Finanzmittel zur Verfügung hat, kauft jedoch bevorzugt ein „ordentliches" Terrarium. Für die Haltung einheimischer Eidechsen ist ein Terrarium im Querformat angebracht, damit sie

eine größere „Landfläche" zur Verfügung haben. Diese Glasterrarien können übrigens im Sommer durchaus als „Freilandterrarien" genutzt werden, d.h. auf den Balkon oder in den Garten gestellt werden. Dabei ist aber größte Sorgfalt im Hinblick auf den Standort gefragt. Sowohl intensive Sonneneinstrahlung als auch schwere Gewitterregen können ein solches Kleinterrarium schnell überhitzen oder fluten. Eine Alternative wäre somit ein mobiles Terrarium, das man schnell von der Terrasse wieder in die Wohnung rollen kann.
Werden Glasterrarien bzw. ausgediente Aquarien „fest" im Garten installiert, ist auf jeden Fall auf eine teilschattierende Abdeckung und ein entsprechendes wasserabweisendes Gefälle des Terrariendaches zu achten. Auch das Perforieren der Bodenscheibe (Bohrlöcher kann ein Glaser anfertigen!) zur Vermeidung von Überflutung ist angeraten. Man kann auch die Bodenscheibe direkt ganz herausschneiden und durch einen dicht schließenden Rahmen mit engmaschiger Drahtbespannung (z. B. aus verzinktem punktgeschweißten Prachtfinkendraht von 0,8 x 0,8 cm Maschenweite) ersetzen, auf den dann Bodensubstrat aufgebracht wird. Auch das Einlassen des Terrariums um einige Zentimeter ins Erdreich hat seine Vorteile, denn die Eidechsen können sich dann bei beginnender Überhitzung in das kühlere Bodensubstrat zurückziehen. Schließlich muss noch darauf geachtet werden, dass als Dachabdeckung, die teils (siehe oben) aus schattierendem und wasserdichtem Material besteht, ein stabiler und fest sitzender Drahtrahmen vorzusehen ist, damit keine „Prädatoren" von außen und auch keine Hauskatzen den Eidechsen gefährlich werden können (vgl. KRONIGER & ZAWADZKI 2005).
Am Rande sei erwähnt, dass man für die hier besprochenen Eidechsen durchaus auch Holzterrarien selber bauen kann. Dazu bedarf es entsprechend großer Holzplatten (Spanplatten, Tischlerplatten, beschichtete Platten usw.), die sorgfältig zusammengeschraubt und verleimt, dann innen in der Regel mit einem wasserabweisenden ungiftigen Lack gestrichen und mit Lüftungsgittern sowie mit zwei gegeneinander verschiebbaren Frontscheiben (siehe oben) versehen werden müssen. Sie dienen durchaus mehrere Jahre ihrem Zweck, lassen sich allerdings weniger leicht reinigen als Glasterrarien und

weisen mit den Jahren auch verschiedene Abnutzungserscheinungen auf.
Die Frage nach der richtigen Terrariengröße kann man aus unterschiedlichen Blickwinkeln stellen. Kleine Arten kommen – bei paarweiser Haltung – mit kleineren Terrarien aus als z. B. die größeren Smaragdeidechsen oder Blindschleichen. Auch zur Aufzucht von Jungtieren genügen für einige Wochen und Monate ganz kleine Terrarien. Als Faustformel lassen sich aus dem „Gutachten über die Mindestanforderungen an die Haltung von Reptilien" vom 10. Januar 1997 (BMEL 1997) folgende Mindestmaße von Eidechsenterrarien, die sich vor allem an der Kopf-Rumpf-Länge der gehaltenen Tiere orientieren, herauslesen:
Terrarien für Mauereidechsen- und Waldeidechsen (KRL etwa 7,5 cm) sollten demnach in Länge, Breite und Höhe mindestens die 6x4x4-fache Länge der KRL der darin gehaltenen Tiere aufweisen, berechnet jeweils für ein Paar. Ein solches Terrarium hätte somit – gemessen an adulten Tieren – die Mindestmaße von 45x30x30 cm.
Terrarien für Zauneidechsen (KRL etwa 11 cm) sollten in Länge, Breite und Höhe ebenfalls mindestens die 6x4x4-fache Länge der KRL der darin gehaltenen Tiere aufweisen. Das Terrarium für ein Paar wäre demnach etwa 65x45x45 cm groß.

Subadulte Zauneidechsen im Zimmerterrarium.

Bei Smaragdeidechsen wird ebenfalls die 6x4x4-fache KRL der Tiere als Terrarienmindestmaß zugrunde gelegt. Bei einer durchschnittlichen KRL von 13 cm läge die Terrariengröße somit bei etwa 80x50x50 cm.
Der Blindschleiche (KRL etwa 17 cm) genügen demnach Terrarien mit einer 6x3x2-fachen Größe der KRL, in Zentimetern ausgedrückt wäre die Terrariengröße also etwa 100x50x35 cm.

Für jedes weitere Tier der zuvor genannten Arten wären nach diesem Gutachten 15 % mehr Terrarien-Grundfläche einzuplanen. Eine Zuchtgruppe von Mauereidechsen mit einem Männchen und drei Weibchen bräuchte demnach ein Mindestplatzangebot von etwa 55x35 cm Grundfläche (gegenüber 45x30 cm für ein Paar).

Das alles sind wahrlich keine paradiesischen Ausmaße für die Tiere, aber eben Mindestanforderungen, die für das Wohlergehen der Tiere dann zuträglich sind, wenn darüber hinaus auch Licht, Belüftung, Ausstattung der Terrarien und die Fütterung stimmen. Aus unserer Sicht sind diese Terrarien allerdings vor allem für die Eingewöhnung von Neuzugängen, ggf. auch die Überwinterung, die Aufzucht von Jungtieren und die Quarantänehaltung von erkrankten Tieren gut geeignet. Als Dauerunterbringung halten wir Freilandterrarien allerdings für deutlich günstiger, denn hier ergeben sich neben einem größeren Platzangebot auch bessere Gestaltungsmöglichkeiten der Terrarien, so dass die Tiere alle arteigenen Verhaltensweisen – auch im Hinblick auf einen natürlichen Jahresrhythmus – zeigen können (siehe unten).
Heimische Eidechsen sind nicht sonderlich anspruchsvoll, was die künstliche Lichtzufuhr und Beheizung der Terrarien angeht. Ihnen genügen in der Regel Terrarien mit Zimmertemperatur, die allerdings einen warmen Sonnenplatz mit einer Zusatzbeleuchtung aufweisen sollten, die diesen Platz auf 30–35° C punktuell erwärmt. Dazu besteht die Terrarienausstattung aus mehreren Versteckplätzen, dem gerade erwähnten (möglichst etwas exponierten) Sonnenplatz und einer kleinen Wasserschale. Über die Frage der

gelegentlichen Zufuhr von zusätzlicher UV-Beleuchtung streiten sich die Experten. Vor einigen Jahren wurde dazu als Standardmaßnahme wöchentlich drei- bis viermal eine spezielle UV-Lampe (z. B. die viel verwendete OSRAM-Ultra-Vitalux-Lampe) für einige Minuten zugeschaltet, heute decken neuere Generationen von Terrarienbeleuchtungen den größten Teil der notwendigen UV-Anteile mit ab. Manche Praktiker halten eine zusätzliche UV-Beleuchtung in Zimmerterrarien von heimischen und anderen europäischen Eidechsen dann für unnötig, wenn den Tieren mit einer möglichst abwechslungsreichen Ernährung auch genügend Vitamin D3 zugeführt wird. Das kann in Form von Zusätzen zum Trinkwasser (z. B. mit *Vingantoletten*), aber auch durch „Bestäuben" der Futtertiere mit einem speziellen Mineralstoff- und Multivitaminpräparat (z. B. *Korvimin ZVT Plus Reptil*) erfolgen (vgl. KRONIGER & ZAWADZKI 2005).

Die Bepflanzung von Zimmerterrarien kann auf verschiedene Weise erfolgen. Manche Terrarianer verwenden ausschließlich künstliche Pflanzen, die lediglich als Versteck für die Tiere und zur optischen Aufbereitung eines Terrariums für den Halter dienen. Sie haben den Vorteil, dass sie dauerhaft und leicht zu reinigen sind. Anderen Terrarianern sind künstliche Pflanzen ein Graus. Sie statten ihre Anlagen mit echten Pflanzen aus, wählen oftmals sogar solche aus den natürlichen Lebensräumen der Tiere, in unserem Fall also zum Beispiel Heidekräuter, kleine Krüppelkiefern, ggf. auch eine eher mediterrane Bepflanzung. Diese Pflanzen benötigen allerdings dauernde Pflege, müssen gegossen, hin und wieder auch mal ausgedünnt oder erneuert werden, wenn sie verkümmern oder die Bewohner ihnen zu arg zugesetzt haben. Aufpassen sollte man auf jeden Fall bei der Pflanzenauswahl, denn manche Eidechsenarten nehmen auch hin und wieder mal etwas Grünes zu sich, dann dürfen natürlich keine Giftpflanzen im Terrarium stehen. Besonders die großen Perleidechsen oder auch die nordafrikanischen Berbereidechsen können eine filigrane Bepflanzung recht leicht zerstören. Hier muss bei der Terrariengestaltung also zwischen Arbeits- und Kostenaufwand einerseits und den ästhetischen Gesichtspunkten andererseits abgewogen werden.

10.2 Bau und Einrichtung von Freilandterrarien

Im Laufe der letzten 12 Jahre haben wir bis auf die Waldeidechse (und die hierzulande äußerst seltene Kroatische Gebirgseidechse, vgl. Kapitel 6.6) alle in diesem Buch behandelten Arten einschließlich der Blindschleiche in Zimmer- und vor allen in Freilandterrarien gehalten und teilweise auch nachgezogen. Hinzu kommen mehrjährige Haltungserfahrungen mit Perleidechsen, die nahe (südeuropäische) Verwandte von Zauneidechse, Smaragdeidechse und Co darstellen. Im Rahmen dieses Langzeitprojektes haben wir in unserem Garten über die Jahre fünf (z. T. recht unterschiedliche konstruierte) Freilandterrarien erstellt, mit denen wir unterschiedliche Erfahrungen zu verbuchen hatten. Ausgelöst wurde der Wunsch nach einem funktionierenden Freilandterrarium schon sehr frühzeitig, durch ein kleines Büchlein aus der früher weit verbreiteten „Lehrmeisterbücherei", in dessen Band 959 Altmeister Johannes Jahn bereits den Bau und Betrieb eines Freilandterrariums (u.a. für heimische Eidechsen) beschrieb (JAHN 1980).

Unser erstes Terrarium (um 1995) entsprang dem Wunsch, Zauneidechsen inmitten unserer im Garten künstlich angelegten Heidefläche anzusiedeln (was damals wie heute verboten war und ist). Ungeachtet dessen wurde damals inmitten der „Heide" ein kreisförmig angelegter Graben etwa 40 cm tief ausgehoben (Durchmesser des geplanten Terrariums etwa 3 m). Dorthinein kam eine am Ende zusammengeschraubte und verklebte stabile (aber flexible) Kunststoffplatte von etwa 3 mm Stärke, 100 cm Breite und knapp 10 m Länge, die dann auf diese Weise einen Ring ergab, der in den besagten Graben gesetzt wurde. Das Terrarium war demnach also kreisrund, ragte 40 cm in die Erde und etwa 60 cm darüber hinaus. Durch die glatte Struktur der Kunststoffoberfläche war an ein Ausbrechen der Tiere nicht zu denken. Ein Überwinterungsbunker wurde ebenfalls eingeplant (näheres dazu auf den nächsten Seiten), und schon zogen zwei Zauneidechsen ein, die sich zunächst mehrere Tage versteckt hielten, sich dann aber regelmäßig auf den aufgeschichteten Steinhaufen sonnten, Futter zu sich nahmen und zunächst prächtig gediehen. Das Ende der beiden Tiere kam abrupt und wurde durch Krähen oder Elstern eingeleitet, die in dem nicht abgedeckten

Terrarium leichtes Spiel mit den Eidechsen hatten. Mit diesem Rückschlag wurde zunächst die Idee eines Freilandterrariums und der Traum von vielen kleinen Zauneidechsen, die früher oder später unsere „Heide" hätten bevölkern sollen, auf Eis gelegt.

Deutlich seriöser und mit der mittlerweile auch neu erschienenen aktuelleren Terrarienliteratur ausgestattet gingen wir ab 2006 die Sache erneut an. Auslöser war eigentlich unsere Haltung und Zucht der imposanten Perleidechsen (*Timon lepidus*), denen zwischenzeitlich unsere Zimmerterrarien zu eng wurden, so dass wir für sie zumindest Sommeraufenthaltsplätze im Garten suchten. Wir entschlossen uns also rund 10 Jahre nach der oben genannten Negativ-Erfahrung zum erneuten Bau eines Freilandterrariums, das wir dann allerdings später für Zauneidechsen umwidmeten, derweil wir für unser Perleidechsenzuchtpaar ein zusätzliches kleineres Terrarium nur für die Sommerhaltung konzipierten. Beide Terrarien gibt es in der im Folgenden beschriebenen Form nicht mehr, sie sind mittlerweile erneuert bzw. umgebaut worden.

Die größere Freianlage war zu einem größeren Teil des Tages unbeschattet, umfasste als Grundfläche ein unregelmäßiges Siebeneck von etwa 12 m^2 Größe (Längsausdehnung 4,5 m), ihre Umrandung bestand aus

Größeres Freilandterrarium für heimische Eidechsen, bei dem aufgrund mangelnder Abdeckung aber Gefahr durch Beutegreifer „von oben" droht.

Glasscheiben, die etwa 25 cm tief in den Boden eingelassen waren und etwa 60 cm herausschauten. Sie wurden in imprägnierten, längs geschlitzten Rundhölzern (10 cm Durchmesser, Schlitzbreite 12 mm) gehalten und waren dort mit farblosem Silikon eingeklebt. Zur Innenseite hin waren diese Hölzer mit braunem Kunststoff verkleidet, so dass keine Haltemöglichkeiten für die Tiere bestanden (und damit kein Entkommen aus der Anlage möglich war). Der zentrale Punkt dieser Freianlage war ein „Überwinterungsbunker" (Hibernakulum) von etwa 80 cm Durchmesser, der rund einen Meter in den Boden eingelassen war. Zuunterst war zunächst ein engmaschiges verzinktes Drahtgitter eingebaut worden, die Wände wurden dann aus Pflastersteinen fugenlos bis zum Bodenniveau aufgeschichtet. Dort hinein kamen verschiedene lockere Lagen an Fichtennadeln, Herbstlaub und Styroporflocken im Wechsel. Zuoberst bildete wiederum ein verzinktes Gitter mit einer Maschenweite von 25x50 mm den Abschluss. Auf diese Weise sollte einerseits vermieden werden, dass erwachsene Ratten und andere Beutegreifer diesen Überwinterungsplatz aufsuchen und die überwinternden Eidechsen behelligen konnten, andererseits aber sichergestellt sein, dass auch erwachsene Perleidechsen durch das Gitter hindurchschlüpfen und – je nach Kältegrade – eine entsprechende frostfreie Überwinterungsstelle aufsuchen konnten. Abgedeckt war dieses Hibernakulum mit einer größeren, zu einer Seite geneigten Eternitplatte, so dass kein Regenwasser eindringen konnte. Zuletzt wurde auf dieser Platte ein kleiner Erdhügel aufgeschichtet, der mit Steinen dekoriert und mit Heidekraut bepflanzt war. Die weitere Einrichtung dieses Terrariums bestand aus einem größeren Wurzelstumpf, einem zweiten Steinhaufen und spärlicher Bepflanzung, derweil der natürliche Bewuchs der Anlage

Abdeckung des Winterbunkers durch eine wasserundurchlässige Platte.

weithin belassen wurde – mit Ausnahme eines etwa 30 cm breiten Sandstreifens entlang der Glasscheiben, der ständig von Kraut freigehalten wurde, damit die Tiere nicht über nachwachsende Halme oder Pflanzenstängel entweichen konnten. Ein kleines zeltförmiges Glasdach als Wärmeplatz und eine Wasserschale vervollständigten die Einrichtung. Der schwierigste Teil war die Abdeckung dieses unregelmäßigen Siebenecks mit einem Netz zur Fernhaltung von Prädatoren von außen. Dazu zählten auch unsere beiden mittlerweile angeschafften Hauskater, die von Anfang an ein nicht zu unterschätzendes Interesse an den Eidechsen zeigten, sobald diese sich zeigten und bewegten. Wir entschieden uns schließlich für einen in der Mitte des Terrariums eingeschlagenen Holzpfahl, der die Anlage mit etwa 1,20 Höhe überragte. Dort wurde ein engmaschiges Nylonnetz (Maschenweite 20x20 mm, schwarz, UV-beständig) etwa mittig fixiert und von dort in alle Richtung bis über die Ränder des Terrariums gezogen und dort zunächst mittels Zeltheringen auf Spannung gehalten. Später konstruierten wir Rahmenhölzer, die über die Glasscheiben gesteckt wurden und damit das Netz in Position hielten. Das hatte zudem den Vorteil, dass die überhängenden Netzabschnitte sauber unter den Holzkanten abgeschnitten werden konnten, wodurch das Terrarium einen deutlich besseren Gesamteindruck machte. Unsere Katzen zeigen sofort ein unverhohlenes Interesse an dieser neuen Abdeckung und balancierten mit erstaunlicher Geschicklichkeit über dieses Netz, ohne „einzubrechen" oder sich darin zu verheddern. Und: die Konstruktion dehnte sich zwar unter dem Gewicht der Katzen etwa nach unten, aber sie hielt letztlich. Außerdem verloren die Katzen mit der Zeit das Interesse an diesem merkwürdigen Netzkonstrukt und waren schließlich kaum noch auf der Anlage zu sehen. Der Grund, warum wir dieses Terrarium mittlerweile aufgegeben und am gleichen Ort ein neues gebaut haben, liegt eben genau bei dieser Netzkonstruktion, die immer nur umständlich zu händeln war, wenn man das Terrarium zum Herausfangen der Tiere oder zum Säubern betreten musste. Dennoch hat sich dieses Terrarium im Grunde über Jahre gut für die (teils auch nur temporäre) Haltung von Perleidechsen, Smaragdeidechsen und Zauneidechsen bewährt. Der letztendliche Entschluss es abzubauen und durch eine

Ein Drahtgitter als Abdeckung des Winterbunkers verhindert das Eindringen von Ratten, derweil die Eidechsen hindurch schlüpfen können.

Neukonstruktion zu ersetzen fiel, als eines morgens eine junge Ratte innerhalb des Terrariums entdeckt wurde, die sich offenbar unter der nur 25 cm tiefreichenden Glasumfassung hindurch gegraben hatte. Soweit wir sehen konnten, hatte sie allerdings (noch) keinen Schaden unter den Tieren angerichtet.

Unser Sommerterrarium, das dann mehrere Jahre zur Haltung unseres Perleidechsenpaares oder dessen Nachwuchs diente, war dagegen wesentlich kleiner und hatte – als erstes unserer Freilandterrarien – ein ganzflächiges Bodengitter. Es war nur 1,05 x1,70 m groß und bestand aus einem Holzrahmengestell (Bankirai-Hartholz), in das vier Glasscheiben (von ausgedienten 100- und 160-cm-Aquarien) eingelassen waren. Das wichtigste Merkmal dieses Terrariums war wie gesagt ein engmaschiges, verzinktes Gitter am Boden (12,5 x12,5 mm) aus punktgeschweißtem Volierendraht, durch das weder unsere Eidechsen entweichen, noch Schadnager von außen eindringen konnten. Dieses Terrarium wurde (bei zuvor entfernter Grasnarbe) etwa 10 cm tief in den Rasen eingegraben, dann im Inneren mit Sand und Kies wieder bis zum äußeren Bodenniveau aufgefüllt, mit zwei regendichten Schlupfkisten, einem darüber aufgetürmten Steinhaufen, wenigen Pflanzen und einer Wasserschale ausgestattet. Als Abdeckung diente ein drahtbespannter Holzrahmen. Gut geeignet als Drahtgeflecht ist ein kunststoffummanteltes Sechseckgeflecht, das es in Breiten von 50, 75 und 100 cm im Handel zu kaufen gibt. Die Maschenweite beträgt etwa 25 mm. Es ist preiswert, gestattet einen guten Durchblick und hält zuverlässig alle Schadnager (mit Ausnahme von Mäusen) von oben fern. Allerdings ist es zu grobmaschig, um unsere Eidechsen am Entweichen zu hindern. Dazu müssen Vorkehrungen „von unten" getroffen werden (glatte Wände, glatte Stützpfähle usw.). Gerade Mauereidechsen sind die Ausbruchskünstler schlechthin. Für deren Terrarien könnte man natürlich auch Abdeckungen mit sehr engmaschigem Volierendraht (z. B. für Prachtfinken, 8x8 mm Maschenweite) herstellen, allerdings erschwert ein solches Geflecht maßgeblich die Durchsicht bei der Beobachtung der Tiere. Das oben beschriebene Terrarium diente mehrere Jahre lang der Sommerhaltung unserer Perleidechsen, konnte bei Bedarf auch leicht an einen anderen Ort transferiert werden und kann in der genannten Form durchaus zum Nachbau empfohlen werden. Es ist für die Sommerhaltung aller hier beschriebenen Arten geeignet, allerdings müssen die Tiere, da es kein Hibernakulum aufweist, zum Herbst hin herausgefangen und stets im Zimmerterrarium überwintert werden.

Nach dem gleichen Prinzip wurden dann einige Jahre später zwei Terrarien im Garten gebaut, die bis heute ihrem Zweck dienen. Unser Freilandterrarium für Zauneidechsen ist 1,80 x 3,20 m groß und besteht ebenfalls aus eingeschlitzten Holzbalken als Senkrechten, in die Glasscheiben aus ausgedienten Aquarien gesetzt wurden. Voraussetzung ist eine Mindestdicke der Scheiben von 8 mm. Auch macht es durchaus Sinn, diese Scheiben mit Silikon in die Holzbalken einzukleben. Andernfalls „klappern" sie u. U. bei starkem Wind und gehen zu Bruch. Dabei empfiehlt sich durchaus das qualitativ hochwertigere und damit etwas teurere Silikon zu wählen, denn erfahrungsgemäß sind die Billigangebote aus den Baumärkten, die man manchmal für um die 2 € pro Tube bekommt, weniger beständig. Die Silikonnähte schrumpfen dann manchmal, werden spröde oder haften mit der Zeit nicht mehr so gut am Material wie zu Beginn. Klar sollte sein, dass in jedem Fall diese Silikonnähte vor Einsetzen der Tiere gut getrocknet sein müssen. Gegenüber dem zuvor beschriebenen Sommerterrarium ist diese Konstruktion zum einen dauerhaft an einem Ort installiert, zum anderen braucht sie als Dauerterrarium einen „Winterbunker". Der besteht in diesem (und auch dem nachfolgend beschriebenen) Terrarium aus einem etwa 100 cm tiefen Erdloch mit ca. 80 cm Durchmesser, in das zuunterst eine Drainageschicht aus groben Kieselsteinen eingebracht wurde. Darauf kam ein Drahtgitter (um Schadnager von unten fernzuhalten, und dann wurden ringsherum kreisförmig Mauersteine fugenlos aufgeschichtet bis zum Bodenniveau. Dieses „Hibernakulum" wurde dann wiederum (siehe oben) mit abwechselnden Lagen aus kleingebrochenem Styropor bzw. Styroporflocken, Fichtennadeln, trockenen Zweigen, Laub usw. gefüllt bis zum oberen Bodenniveau. Dann kam eine wasserdichte Platte mit leichtem Gefälle darauf, allerdings mit soviel Abstand zum Boden, dass die Tiere problemlos durch diesen Schlitz in den „Bunker" gelangen konnten. Diese Platte wurde schließlich an den Randseiten mit Natursteinen kaschiert, dann mit Erde bedeckt und begrünt. Auf diese Weise schaut der Eingang zum „Überwinterungsbunker" aus wie ein kleiner bewachsener Hügel inmitten der übrigen Terrarienlandschaft, die in diesem Behältnis mit Heidekraut, einer kleinbleibenden Krummholzkiefer und mittlerweile auch dem immergrünen Waldmeister bewachsen ist, wobei letzterer sich irgendwie mit anderen Pflanzungen „eingeschlichen" und nun allerdings dekorativ ausgebreitet hat. Dekorative Elemente bilden weiterhin ein zusätzlicher Natursteinhaufen, eine freie Sonnenfläche auf einer glatten Steinplatte, eine freie Sonnen- und Eiablagefläche auf einer Aufschüttung von Sand und eine Kienholzwurzel. Die Ränder rund um die Seitenwände des Terrariums werden auf etwa 30 cm Breite freigehalten, damit die Tiere nicht über die heranwachsende Vegetation (Pflanzenstängel usw.) ins Freie gelangen können. Abgedeckt ist das Terrarium mit zwei drahtbespannten Holzrahmen.

Nach gleichem System ist auch unser bislang größtes Terrarium für die gemeinschaftliche Pflege von Blindschleichen und Waldeidechsen konzipiert. Es ist 4 m lang und knapp 2 m breit. Rundum ist es wiederum verglast – die etwa 70 cm hohen Scheiben stecken in geschlitzten Kanthölzern und sind dort mit Silikon eingeklebt. Die Bodensicherung bildet ein engmaschiges Drahtgeflecht, die Sicherung gegen Beutegreifer von oben ist durch vier neben einander liegende drahtbespannte Holzrahmen (Größe 2 x1 m) gewährleistet, die allerdings etwas umständlich (und am besten zu zweit) zu händeln sind. Auch dieses Terrarium hat wiederum einen etwa 1 m tiefen „Winterbunker", der oben mit einer wasserdichten Platte abgedeckt ist, die dann (mit einem Gefälle versehen) mit Erde und Steine aufgefüllt und begrünt wurde. Die Terrariengröße lässt einige Gestaltungsmöglichkeiten zu. Das Behältnis ist mit diversen Kräuterecken, einer Feige und einer Kiefer dekorativ bepflanzt. Einige Totholzäste und ein größerer Steinhaufen bieten Sonnenplätze für die Tiere. Etwa eine Fläche von 1 Quadratmeter ist mit einer Doppelstegplatte überdacht. Darunter befinden sich ein Sandhaufen, eine Wasser- und Futterschale. Letztere wird regelmäßig u.a. mit kleinen Mehlwürmern (hauptsächlich für die Ernährung der Blindschleichen) befüllt und bleibt unter dem Dach weitgehend trocken.In der Literatur wird nicht allzu oft über die Freilandhaltung von Eidechsen berichtet.

Die von uns ausgewerteten Berichte zeigen, dass unterschiedliche Erfahrungen mit unterschiedlichen „Modellen" von Freilandterrarien durchaus erfolgreich sein können. KNELLER (2007) schreibt beispielsweise über die Freilandhaltung von Iberischen Smaragdeidechsen (*Lacerta schreiberi*). Seine Tiere leben in einem etwa 55 m² großen Freigehege, das mit ganz unterschiedlichen Strukturen (Sandflächen, Sonnenplätzen, Holzstubben, Trockenmauer, Teichen, diversen heimischen Sträuchern und Koniferen und einem „Winterbunker") ausgestattet ist. Er verzichtet komplett auf eine Abdeckung seiner Anlage und hat offenbar dennoch über Jahre wenig Verluste und gute Zuchterfolge. Allerdings gräbt er die abgelegten Eier der Smaragdeidechsen alljährlich vorsichtig aus, bringt sie im Inkubator zum Schlupf und zieht die Jungtiere dann in kleinen Anzuchtbecken (ebenfalls im Freiland) mit 1 m² Grundfläche auf, bis sie von der Größe und Kondition her in ein großes Freilandterrarium umziehen können. Demgegenüber betreibt RICHTER (2010) seine Freilandterrarien (für Zauneidechsen, Mauereidechsen, Smaragdeidechsen) komplett ohne Hibernakulum. Nach seiner Auffassung bieten eine reich strukturierte Einrichtung und eine dichte Bodenbepflanzung

Erster Schritt: Aufbau der Umrandung.

Zweiter Schritt: Anlage des Winterbunkers.

gute Voraussetzung für eine erfolgreiche Überwinterung, zumal ja Eidechsen aktiv graben können, um sich so ein optimales Winterquartier zu schaffen. Zur Unterstützung bringt er an kahlen Stellen der Terrarien allerdings im Herbst mehrere Haufen Falllaub ein, das ebenfalls einen gewissen Kälteschutz bietet. Außerdem fängt er in jedem Jahr ab Anfang September von jeder Art einige Tiere heraus, um sie dann kontrolliert zu überwintern (und somit einem Totalverlust bei besonders kalten Wintern vorzubeugen). Seine Terrarien sind – im Gegensatz zur zuvor beschriebenen Anlage von Mathias Kneller – von oben gegen Prädatoren (vor allem Rabenvögel und Katzen) geschützt, und zwar bei den größeren Terrarien durch Elektroweidenzäume und über Stellagen mit gespannten stabilen Angelschnüren in 8 cm Abstand, bei den kleineren Aufzuchtterrarien mit maschendrahtbespannten Holzrahmen. DIECKMANN (2001) berichtet über seine Erfahrungen mit der Haltung von Westlichen Smaragdeidechsen im Freilandterrarium. Seine Zuchtgruppe (ein Männchen, zwei Weibchen) lebt ganzjährig (zusammen mit Mauereidechsen und Griechischen Landschildkröten *Testudo hermanni*) in einer 5x3 m großen Freianlage. Sie ist mit Plexiglasscheiben eingezäunt, die etwa 40 cm tief in den Boden reichen. Im hinteren Teil des Terrariums befindet sich eine Legesteinmauer, hinter der Sand aufgeschüttet ist. Vor der Mauer befindet sich ein Wassergraben, und davor eine mit größeren Steinen gestaltete und mit

Gräsern und einem Brombeergebüsch bewachsene größere Fläche. Seine Tiere überwintern in der Sandaufschüttung hinter der Legesteinmauer, von einem „Überwinterunsbunker" ist in dem Beitrag nicht die Rede. Alljährlich kommt es in dieser Anlage zur Eiablage (zwischen 10 und 15 Eiern pro Gelege), die dann ausgegraben und im Inkubator zum Schlupf gebracht werden. Denn im Unterschied zu den von DIECKMANN ebenfalls gehaltenen Zauneidechsen schlüpfen seine Smaragdeidechsen im Freilandterrarium nie von alleine.

Diese drei Beispiele mögen genügen, um die Palette der Gestaltungs- und Sicherungsmöglichkeiten von Freilandterrarien zu beschreiben, natürlich jeweils in Abhängigkeit von den örtlichen Gegebenheiten, den gehaltenen Arten, dem Klima, den dort vorkommenden Prädatoren, der Anzahl nachbarlicher Hauskatzen usw. Eine ausführliche Darstellung über Bau und Einrichtung von Freilandterrarien (allerdings primär für Schlangen) liegt in der mittlerweile aktualisierten Publikation von HALLMEN (2011) vor. Auch der Arbeit von SCHMIDT-LOSKE (1998) über die Errichtung einer Freianlage für die Reptilienhaltung im Park des Bonner Museums Alexander Koenig sind einige wichtige und nachahmenswerte Details für Bau, (technische) Ausstattung und Einrichtung eines größeren Freilandterrariums zu entnehmen.

10.3 Terrarienpflege

Die Pflege der Freilandterrarien ist wenig aufwändig. Im zeitigen Frühjahr, vor der Vegetationsperiode, werden unsere Terrarien zunächst etwas „durchgeforstet", also Laub und abgestorbene Pflanzen entfernt, das Wildkraut etwas gejätet, zu groß gewordene Kräuter und Büsche zurückgeschnitten, das Heidekraut mit der Heckenschere kürzer geschnitten, die Randstreifen der Terrarien komplett von Wildkraut befreit und dann mit einer neuen dicken Sandschicht belegt. Nun ist auch noch Zeit die Holzkonstruktion der Terrarien zu überprüfen, ggf. mit einem ungiftigen Holzschutzmittel nachzustreichen, die Silikonnähte zu überprüfen und ggf. zu erneuern. Je nach Witterung und Eidechsenart tauchen ab Mitte März/Anfang April dann die ersten Eidechsen (hoffentlich unbeschadet) aus ihren „Überwinterungsbunkern" wieder auf, häuten sich dann oftmals recht schnell danach und legen einen guten Appetit vor. Sie brauchen dann eine Wasserschale und eine erste Fütterung, die zunächst zum Gewöhnen aus einer kleinen Portion Heimchen besteht, die wir dann ins Terrarium geben, wenn die Tiere aktiv oder zumindest zu sehen sind. Sie holen sich meist schnell ihre „Beute" und ziehen sich damit u. U. wieder in den Untergrund zurück. Auch an den nächsten Tagen gibt man wieder Heimchen ins Terrarium, möglichst nicht viel mehr, als die Tiere vermutlich aktiv jagen und fressen. Wenig später beginnt schon die Eiablage der Alttiere. Dazu sollte ein Sandhäufchen im Terrarium vorhanden sein, am besten noch etwas regengeschützt von oben. Wenn man seine Tiere und ihre Angewohnheiten besonders gut kennt, wird man vielleicht abschätzen können, wann die Eier wohin gelegt wurden. In vielen Fällen bleibt der Eiablageplatz allerdings ein Rätsel, man kann lediglich am zunehmenden bzw. abnehmenden Körperumfang der Weibchen ermessen, wann die Eiablage etwa bevorsteht bzw. erfolgt ist. Diesen Termin kann man sich notieren, um dann irgendwann später im Jahr nach dem geschlüpften Nachwuchs Ausschau zu halten. Da die Inkubationszeit allerdings stark schwankt und auch von den äußeren Temperaturbedingungen abhängt, kann die Zeit zwischen Eiablage und Schlupf bei Zauneidechsen z. B. zwischen und 50 und mehr als 70 Tagen betragen. Irgendwann im Juli/August oder Anfang September wird man dann mit etwas Glück die Jungtiere im Terrarium finden. Sie hocken dann in den ersten Lebenstagen oftmals fast reglos an den Seitenrändern der Terrarieneinfassung und sind leicht zu übersehen. Nun gilt es schnell zu handeln, denn die Elterntiere machen oftmals keinen Unterschied zwischen größeren Heimchen und ihren eigenen Jungen, sie verhalten sich also vielfach „kannibalisch". Wenn man den Zeitpunkt des Schlüpfens versäumt, sind die Jungtiere, sobald sie sich bewegen, schnell von den Eltern fixiert und aufgefressen. Um diese Jungtiere aufzuziehen, bedarf es dann entweder des schnellen Herausfangens mit anschließender „künstlicher" Aufzucht im Zimmerterrarium (was die sicherste Methode ist). Oder man fängt die Eltern vorübergehend heraus und versucht dann den Nachwuchs mit Mikroheimchen zu ernähren. Nur in großen und dicht bepflanzten Freianlagen werden die Jungtiere auch in Anwesenheit der Elterntiere aufkommen. Das ist der entscheidende Nachteil bei der Haltung in Freilandterrarien! Oftmals schon gegen Ende August/Anfang September verschwinden die adulten Männchen in die Winterruhe, die Weibchen folgen wenig später. Die Jungtiere sind manchmal noch bis Ende Oktober im Terrarium zu beobachten, ehe auch sie sich zur Winterruhe eingraben. Als Freilandterrarianer hofft man natürlich, dass die Tiere das für den Winter vorgesehene „Hibernakulum" auch tatsächlich annehmen und aufsuchen. Versuchen sie anderswo im Terrarium zu überwintern, können sie sich ja wegen der unteren Bodenbespannung nicht allzu tief eingraben. Und wenn dann ein kalter Winter folgt, sterben die Tiere unter Umständen. Findet man sie zufällig vorher beim Saubermachen oder der gezielten Nachsuche außerhalb des „Hibernakulums", müssen die Tiere ins Zimmerterrarium überführt bzw. an einem kühlen Ort im Haus überwintert werden. Oftmals findet man die Tiere der kleineren

Schlupfkisten können im Freilandterrarium unter Steinen versteckt werden.

Arten in größeren Terrarien aber kaum wieder. Lediglich bei Smaragdeidechsen, besonders wenn man mit Schlupfkisten arbeitet, die die Tiere regelmäßig aufsuchen, gelingt die Überführung ins Haus zuverlässiger.

Um die Tiere auch an anderen Orten im Terrarium besser vor der winterlichen Kälte zu schützen, bringen wir mit dem Fall des Herbstlaubes im Garten jeweils mehrere Schubkarren Laub in die Freilandterrarien ein und decken damit alle Bereiche ab. Das wirkt zwar anfangs optisch ein wenig befremdlich, aber die Erfahrung lehrt, dass dieses Laub bis zum Frühjahr teilweise verrottet ist und dann leicht mit einem kleinen Laubbesen vorsichtig wieder zusammengeharkt und entfernt werden kann. Vorsicht ist allerdings geboten, damit man beim Betreten des Terrariums und beim Harken nicht unbeabsichtigt die ersten Tiere aufstöbert, die gerade ihre Winterquartiere verlassen.

In der nun folgenden Winterperiode, die teilweise mit größerer Kälte, massiven Regenfällen und Stürmen einher geht, kann man nur hoffen, dass die Tiere sich nun relativ warm und trocken im Überwinterungsbunker eingefunden haben. Wenn zudem noch Schnee fällt, der sich auf die dicke Laubschicht legt, ist das jedoch eher ein Vor- als ein Nachteil, denn eine Schneedecke von mehr als 10 cm isoliert zusätzlich und schützt die Tiere vor dem Erfrieren. Nachteilig wirkt sich dann jedoch das Tauwetter aus, denn dann müssen die Wassermassen ja auch irgendwie abfließen können. Eine gute Drainage in den Freilandterrarien ist dann zweifellos von Vorteil.

10.4 Beleuchtung und Temperatur

Unsere Freilandterrarien sind mit keiner zusätzlichen Technik ausgestattet. Und für die Haltung von Zaun-, Mauer- und Waldeidechsen ist dies kein Nachteil. Wer allerdings bevorzugt Smaragdeidechsen im Freilandterrarium halten möchte (oder gar deren Schwesternarten, die Perleidechsen, oder andere südeuropäische Arten pflegt), wird gut daran tun, einen größeren Teil der Anlage zu überdachen und darunter mit einer beheizten Steinplatte (Wärme von unten) und besser noch einem Spotstrahler (Wärme von oben) bevorzugte Aufenthaltsorte für die Eidechsen zu schaffen, die sie auch bei schlechterem Wetter mit wenig Sonneneinstrahlung aufsuchen können. Dauerhaft nasskaltes Wetter, z. B. in verregneten Sommern, ist den Tieren nicht zuträglich. Sie bekommen dann die erforderliche Strahlungswärme nicht, erreichen somit an vielen Tagen kaum ihre „Betriebstemperatur", stellen unter Umständen zeitweise ihre Nahrungsaufnahme ein und verschwinden allzu früh in ihren Überwinterungsquartieren. Heizplatten und Beleuchtung müssen in „Feuchtraum"-Bauweise ausgeführt und sollten möglichst vom Fachmann installiert werden, damit es keine unliebsamen Zwischenfälle, Kabelbrände oder Kurzschlüsse gibt. Manche Freilandterrarianer statten auch den „Winterbunker" mit einem Temperaturfühler und einer kleinen Heizquelle (z. B. einem Wärmestein aus dem Terrarienhandel) aus. Diese kann dann zugeschaltet werden, wenn der Temperaturfühler in besonders kalten Wintern selbst im unteren Teil des „Hibernakulums" Minustemperaturen verheißt. Dann werden durch die Heizquelle wenige Plusgrade erzeugt, damit die Tiere nicht erfrieren (vgl. HALLMEN 2003).

11 EIGENE Haltungserfahrungen

NACHDEM UNSER ERSTER VERSUCH, ZAUNEIDECHSEN IN EINEM FREILANDTERRARIUM ZU HALTEN, 1996 KLÄGLICH GESCHEITERT WAR (VGL. ABSCHNITT 10.4), BESCHÄFTIGTEN WIR UNS ZUNÄCHST MIT DER HALTUNG VON EUROPÄISCHEN EIDECHSEN IM ZIMMERTERRARIUM.

Eine uns seit langem interessierende Art war damals die südeuropäische Perleidechse (*Timon lepidus*), der wir bei unseren Streifzügen durch südeuropäische Reptilienhabitate bereits mehrfach auch im Freiland begegnet waren (vgl. LANTERMANN 2005). Mit ihnen machten wir sehr motivierende Haltungs- und Zuchterfahrungen im Zimmerterrarium, leider aber ebenso entmutigende Erfahrungen bei der Haltung im Freilandterrarium. Über unsere Erfahrungen bei der Eidechsenhaltung im Freiland haben wir bereits an anderer Stelle publiziert (vgl. LANTERMANN & LANTERMANN 2008a, 2009). Die folgenden Passagen (11.1–11.4) sind – in überarbeiteter Form – diesen Beiträgen entnommen.

11.1 Entmutigende Erfahrungen mit Perleidechsen

Der Bau des Perleidechsenterrariums ist im Abschnitt 10.4 ausführlich beschrieben worden. Dieses Terrarium bezogen am 6. Juni 2006 bei warmer Außentemperatur drei unserer fünf subadulten Perleidechsen, zwei Männchen und ein Weibchen. Zu diesem Zeitpunkt wogen die beiden Männchen 47 und 50 g, das Weibchen 36 g. Nach wenigen Verstecktagen konnten in der Folge alle drei Tiere regelmäßig auf ihren Sonnenplätzen beobachtet werden. Ein Männchen und das Weibchen hatten nach kurzer Zeit den Steinhaufen über dem Hibernakulum als ihr „Revier" auserkoren, das zweite Männchen lebte in einem Baumstumpf, auf dessen Spitze es sich regelmäßig sonnte. Streitereien zwischen den Echsen gab es eigentlich nur bei der Nahrungsaufnahme. Dazu stellten wir eine Schale mit Heimchen auf einen kleinen Sandplatz zwischen den „Revieren", von wo sich alle Tiere schon bald ihr Futter holten und sich dabei auch gelegentlich in die Quere kamen. Insgesamt verlief das Zusammenleben der drei Tiere aber außerordentlich friedlich. Sie hatten nach der Eingewöhnung eine hohe Fluchtdistanz und reagierten auf jede kleinste Bewegung außerhalb des Terrariums (Briefträger, Gartenbesucher, auf der Straße laufende Personen, Pferde) mit sofortiger Flucht, so dass wir uns bereits nach den ersten zwei Wochen entschlossen, das Sicht behindernde Netz wieder zu entfernen.

Es war ein tolles Bild, die Tiere auf den Steinen beim Sonnen oder beim Beutefang zu beobachten – zuletzt am 24. Oktober, dann verschwanden die Tiere in die Winterruhe. Ein Tier tauchte dann nach dem – in NRW durchaus milden – Winter 2006/2007 am 2. März 2007 wieder auf. Als wir es fanden war es jedoch tot und verfärbte sich unterseits bereits bläulich. Es war 38 cm lang, wog mittlerweile runde 70 g und hatte somit seit dem letzten Wiegen gut zugelegt. Die beiden übrigen Echsen haben wir nicht wieder gesehen und auch beim Aufräumen und Ausdünnen des Terrariums nicht gefunden (vgl. LANTERMANN & LANTERMANN 2008a, 2009). Damit war auch dieser Versuch gescheitert, wenngleich die Literatur von durchaus erfolgreichen Überwinterungen bei Perleidechsen in milden Wintern spricht

(HAHNE & FENSKE 1992, BANNERT 1994). Allerdings kennen wir ja die Todesursache unserer Tiere nicht – wir vermuteten seinerzeit weniger winterliche Kälte als eher Beutegreifer „von unten" (Ratten oder Wühlmäuse).

11.2 Perleidechsen im Sommerterrarium

Seit Mai 2007 lebte unser verbliebenes Perleidechsenpaar dann in einem reinen Sommerterrarium. Dieses war mit einer Größe von 1,05x1,70 m wesentlich kleiner (Beschreibung in Kapitel 10). Unser darin 2007 „übersommertes" Paar setzte nach der anschließenden Überwinterung im Zimmerterrarium (mit etwa sechswöchiger Winterruhe) im Frühjahr 2008 ein 12er Gelege ab, aus dem (bei künstlicher Inkubation) immerhin drei fidele Jungtiere schlüpften, die nun zumindest den zuvor entstandenen Verlust rein zahlenmäßig ausglichen (vgl. LANTERMANN & LANTERMANN 2010e).

Perleidechsen kommen für eine Freilandhaltung für uns zunächst nur noch im Sommerhalbjahr in Betracht, wenngleich diese großen Eidechsen (vielleicht mit mehr Sicherungsmaßnahmen) am besten in geräumigen Außenterrarien artgemäß zu halten wären (vgl. ZAUNER 2003, KOBER 2004). Auch kommen sie dort insgesamt besser zur Geltung – wenn sie sich denn einmal

Subadulte Perleidechse im Freilandterrarium.

sehen lassen. Denn unser adultes Paar erwies sich im Freiland als derart scheu, dass man die Tiere kaum einmal zu Gesicht bekam. Dieses Verhalten stand in krassem Gegensatz zur Terrarienhaltung dieses Paares, bei der sich beide Tiere eher als „forsch" und bei dringendem Futterbedarf sogar beinahe als aggressiv uns gegenüber erwiesen.

11.3 Ein neuer Start mit Zauneidechsen

Das damit freigewordene große Freilandterrarium wurde dann ab Frühjahr 2007 für Zauneidechsen genutzt. Erworben wurden fünf Tiere von einem privaten Züchter zu einem wahren Freundschaftspreis, allerdings waren es noch recht kleine Jungtiere, die über Winter im Zimmerterrarium zunächst aufgezogen werden mussten. Im Frühjahr 2007 sollte für sie eigentlich ein eigenes Freilandterrarium gebaut werden, was sich nach den Misserfolgen mit den Perleidechsen (siehe zuvor) dann jedoch erübrigte. Vier der Jungtiere entwickelten sich gut und wuchsen zu munteren Subadulten heran, eines hatte von Anfang an eine etwas „schiefe" Kopfhaltung, konnte nur unter Schwierigkeiten Futtertiere erbeuten, blieb dann in der Entwicklung zurück und wurde schließlich eingeschläfert. Die übrigen vier entpuppten sich schließlich allesamt als Weibchen, so dass ein Tauschpartner gesucht und gefunden wurde, der uns zwei Tiere gegen ein blutsfremdes Männchen und Weibchen tauschte. Mit vier halbwüchsigen Zauneidechsen (1,3) starteten wir dann im Frühjahr 2007 in unsere nächste Freilandsaison.

Eine Woche lang war kein einziges Tier in dem Terrarium zu sehen. Alle vier zeigten sich aber bald regelmäßig an bevorzugten Plätzen (Steinhaufen, Holzwurzel), aber meistens nicht offen, sondern eher ein wenig versteckt zwischen einzelnen Grashalmen oder unter einer Steinkante. Auch waren die Tiere nur bei mittleren Temperaturen zu beobachten, derweil sie erwartungsgemäß bedecktes Wetter und niedrigere Temperaturen mieden, sich aber auch bei praller Sonneneinstrahlung niemals blicken ließen. Anfangs wurden die Tiere noch mit kleinen Heimchen gefüttert, nach kurzer Zeit erwiesen sich die Tiere jedoch in dem großen Terrarium als Selbstversorger und jagten dort nach allerlei Kleininsekten, Käfern, Asseln und Würmern. In der gesamten Saison 2007 gingen sich die Tiere gewissermaßen „aus dem Weg", kaum jemals wurden zwei Tiere in unmittelbarer Nähe zueinander angetroffen. Zuletzt gesichtet wurden die Tiere Ende Oktober, ehe sie sich zur Winterruhe zurückzogen. Zu diesem Zeitpunkt waren sie alle zu adulten Tieren herangewachsen und hatten somit mehrere Häutungen hinter sich gebracht.

Ein erstes Highlight für uns war dann der 1. April 2008, an dem sich nach dem Winter erstmals das offenbar gesunde und vor Kraft strotzende Männchen im Freien zeigte. Es folgten am 20. und 22. April zwei Weibchen, das vierte Tier blieb verschwunden. Wenig später häutete sich das Männchen und zeigte fortan eine intensive Grünfärbung, die es offenbar zu einem begehrten Partner für ein Weibchen machte. Denn fortan hielt sich dieses dicht an seiner Seite, lag auf, unter oder neben ihm, bis es am 4. Mai zur ersten beobachteten Kopulation kam. Wenig später nahm das Weibchen an Umfang zu, schien bald „aus allen Nähten" zu platzen, aber ehe es dazu kam, zeigte sich das Weibchen am 28. Mai mit sichtlich vermindertem Volumen und einigen gut erkennbaren Hautfalten, so dass wir annahmen, dass eine Eiablage erfolgt war. Ein Eiablageplatz oder Grabespuren waren aber nicht zu finden, so dass wir nun den Dingen ihren Lauf ließen. Das zweite Weibchen führte unterdessen eher ein Schattendasein und fand keine Beachtung durch das Männchen. Es kam seinerzeit leider nicht zu geschlüpftem Nachwuchs. Als sich dann im zweiten Winter plötzlich eine junge Ratte in diesem Terrarium zeigte, erhielten die Zauneidechsen dann doch noch ihr eigenes Terrarium mit Drahtabsicherung von unten und später auch von oben (Beschreibung im Kapitel 10), wohin die drei adulten Eidechsen nun umzogen. Seither leben sie – abgesehen von folgendem Zwischenfall – unbehelligt darin. Die gesichtete Ratte hatte zur Folge, dass wir wenig später zwei Kater anschafften, die nun u.a. die Aufgabe hatten, alle unerwünschten Nager in Hof und Garten (und rund um unsere diversen Vogelvolieren, die wir ebenfalls im Garten betreiben) fernzuhalten bzw. ihnen nachzustellen. Das taten sie mit großem Erfolg,

Eine Terrarienabdeckung verhindert auch Übergriffe von Hauskatzen auf die gehaltenen Eidechsen.

und schon nach kurzer Zeit wurden keine Ratten und Mäuse mehr gesichtet. Allerdings hatten beide Kater auch mitbekommen, dass sich im Eidechsenterrarium gelegentlich etwas bewegte. Und einer von beiden saß nun immer wieder geduldig auf der Terrarienumrandung, machte aber zumindest in unserer Gegenwart keine Anstalten, den sich sonnenden Eidechsen hinterher zu jagen – bis wir eines Tages ein Weibchen ohne Schwanz antrafen. Als kurz darauf auch das Männchen seinen Schwanz eingebüßt hatte, kamen die Katzen in Verdacht und seither werden alle unsere Terrarien konsequent auch von oben abgesichert. Die Schwänze wuchsen mit der Zeit nach, blieben aber deutlich kürzer als zuvor. Zumindest hatten wir die Tiere nicht verloren. Sie erfreuen sich heute noch bester Gesundheit und ein Weibchen legt seit einigen Jahren regelmäßig Eier. 2012 – und seither jedes Jahr – haben wir dann erstmals frisch geschlüpfte Junge im Terrarium gefunden (vgl. Kapitel 12).

11.4 Ein Trockenterrarium für Mauereidechsen

Neu hinzugekommen ist Anfang 2008 ein Trockenterrarium für Mauereidechsen. Als Vorbild der Gestaltung dienen uns verschiedene (allerdings allochthone) Mauereidechsenstandorte in Bochum, Oberhausen und Dinslaken, wo zum Teil seit Jahren angesiedelte Populationen bekannt sind (MESSER et. al. 2004, LANTERMANN & LANTERMANN 2010d). Mauereidechsen bevorzugen im Gegensatz zu den Zauneidechsen eher freie, sonnenexponierte (Legestein-)Mauern, Felsspalten zum Verstecken und Felsbrocken, um sich darauf zu sonnen. Oftmals besiedelt werden durchaus auch Sekundärbiotope (Ruinen, Friedhöfe, Bahnhöfe, Steinbrüche usw.) mit einer zum Teil recht kargen Vegetation (GÜNTHER et. al. 1996). Unser Terrarium wurde demnach als eine Art Steingarten inklusive „Überwinterungsbunker" (Bauart: siehe zuvor) gebaut. Das Terrarium ist rechteckig, hat eine Fläche von knapp 6 m² (1,80x3,20 m) und besteht aus stabilen Glasscheiben, die in geschlitzten Holzprofilen gehalten werden. Der Boden des Terrariums wurde mit einem engmaschigen verzinkten Volierendraht, der „Luftraum" wiederum zunächst durch ein Gartennetz gesichert. Nachdem die Pflanzen angewachsen waren, kamen vier (1,3) adulte Mauereidechsen von einem Züchter aus den Reihen der DGHT dazu, die sich sofort innerhalb des neuen Terrariums heimisch fühlen. Denn alle vier zeigten sich schon am Tag des Einsetzens munter, erschlossen alle möglichen Verstecke und Felsspalten, und am Nachmittag näherte sich bereits das Männchen einem der Weibchen und machte Anstalten zur Kopulation. Ebenso wie bei den Zauneidechsen bevorzugten die Tiere eine mittlere Temperatur zum Sonnen, pralle, heiße Sonneneinstrahlung wurde dagegen regelmäßig gemieden. Gefüttert wurden die Tiere mit Heimchen entsprechender Größe, die sie frei im Terrarium erbeuteten. Dem Flüssigkeitsbedarf wurde durch Besprühen des Terrariums und regelmäßiges Nachfüllen einer flachen Wasserschale entsprochen.

Diese Idylle dauerte eine knappe Wochen. Dann waren plötzlich nur noch drei, dann zwei und schließlich kein Tier mehr zu sehen. Wir dachten zunächst wiederum an Beutegreifer von oben, denn wir hatten das Netz bereits entfernt. Bis wir plötzlich in unserem 30 m entfernten Steingarten am Haus ein erstes, einen Tag später das zweite Mauereidechsenweibchen beim Sonnen beobachten konnten. Sie hatten es also tatsächlich geschafft, über die Holzpfähle aus dem Terrarium zu entkommen und dann eine ihnen zusagende Stelle im Garten zu finden. Wir beließen die Tiere zunächst im Steingarten, lokalisierten ihre regelmäßigen Versteckplätze und beobachteten ihre Lebensgewohnheiten. Dann, als das Terrarium nun (hoffentlich) eidechsensicher nachgerüstet war (mit glatten Kunststoffprofilen im unteren Bereich der Holzpfähle) erfolgte der „Zugriff", bei dem ein Weibchen unversehrt, das andere leider nur ohne Schwanz gefangen und in das Terrarium überführt werden konnte. Die zwei weiteren Tiere blieben zunächst verschwunden, erst drei Wochen später „erwischten" wir das Männchen bei einem Ausflug an einem kühlen Nieseltag (!) auf einem unserer plattierten Gartenwege – rund 20 m vom Terrarium entfernt (und glücklicherweise vor unseren Katzen). Es ließ sich leicht einfangen und zu den beiden Weibchen setzen. Seither verbleiben die Tiere zum einen in ihrem Gehege und zum anderen scheinen sie regelmäßig im Herbst zur bevorstehenden Winterruhe den „Überwinterungsbunker" anzunehmen, denn sie überstehen nun schon seit geraumer Zeit unbeschadet die kalten Wintermonate und tauchen verlässlich spätestens Mitte März wieder auf. Es erfolgen regelmäßig auch Eiablagen, aber die wenigen geschlüpften bzw. von uns registrierten Jungtiere werden in der Regel nicht groß, wenn man sie nicht heraus fängt und gesondert in Kleinterrarien aufzieht.

11.5 Blickpunkt Smaragdeidechsen

Die Haltung von Smaragdeidechsen – wir haben beide Formen teils im Zimmer-, teils im Freilandterrarium gehalten – ist für uns ein besonderer Höhepunkt der Terraristik. Die Tiere sind besonders im Freilandterrarium absolute Blickfänge, wenn sie sich auf den Holzstubben oder Steinen zum Sonnen niederlassen. Als Arten mit eher süd- und osteuropäischer Verbreitung benötigen sie ein sehr sonnenexponiertes Terrarium. Da sie gern auch ein wenig im Gesträuch klettern, dürfen Büsche und niedrige Sträucher keineswegs in der Nähe der Seitenscheiben stehen und damit Fluchtbrücken in den Garten bilden. Wir haben 2009–2011 unsere Westlichen Smaragdeidechsen (1,2) im Freilandterrarium überwintert. Ihr erster Winter im Freiland war zugleich ein recht harter Winter mit Temperaturen, die teilweise bis –15° C fielen. Das Terrarium wurde daher mit dicken Laubhaufen zur Isolierung abgedeckt. Aber zumindest zwei Eidechsen hatten offenbar rechtzeitig den „Überwinterungsbunker" gefunden und diese Kälte gut überstanden, denn am 18. März 2010 kam bei strahlendem Frühlingswetter und gefühlten 20° C das erste Smaragdeidechsen-Weibchen hervor und sonnte sich auf einem Baumstumpf. Das Männchen wurde erstmals am 23. März bei warmem

Frühlingswetter in der Nähe des Weibchens gesichtet. Die beiden folgenden Winter waren deutlich wärmer und die Überwinterung dann für die Tiere nur noch „Routine". Es kam mehrfach zur Eiablage, aber Junge schlüpften ohne unser Zutun im Freiland nicht. Dazu war später (ab 2012) die Haltung im Zimmerterrarium mit kontrollierter Eiablage, Brut und Aufzucht notwendig. Die Östlichen Smaragdeidechsen haben wir – u. a. aus Platzgründen – bisher überwiegend im Zimmerterrarium gehalten und dabei keine Besonderheiten gegenüber der Haltung der Schwesternart beobachten können (über die Aufzucht der Jungtiere siehe Kapitel 12.1 und 12.2).

11.6 Blindschleichen und Waldeidechsen

Unser bislang letztes Projekt ist der Versuch einer gemeinschaftlichen Haltung von Blindschleichen und Waldeidechsen in unserem bislang größten Terrarium. Es ist 4 m lang und knapp 2 m breit, wiederum rundum 70 cm hoch verglast, mit einer Bodensicherung von unten und drahtbespannten Holzrahmen als Prädatorensicherung von oben sowie einem „Winterbunker" von etwa 1 m Tiefe ausgestattet. Die Beschaffung beider Arten ist nicht ganz einfach, gerade Blindschleichenzüchter sind unter den Terrarianern nicht gerade weit verbreitet. Schließlich erhielten wir im Spätsommer 2015 endlich zwei Paare der lange gesuchten Tiere, die sich dann in der „Warteschleife" zwischen Züchterkontakt und Abholungstermin sogar vermehrt hatten. Wir kamen also mit vier adulten und 10 gerade geborenen Jung-Blindschleichen heim und überführten die Tiere dann recht schnell ins neue Terrarium – wo sie dann zunächst allesamt verschwunden blieben. Mitte September zeigte sich dann für kurze Zeit ein adultes Tier, danach war bis zum Wintereinbruch keine Blindschleiche mehr zu sehen. Ein zunächst entmutigender Anfang der Haltung, aber vielleicht wird im Frühjahr alles besser. Waldeidechsen waren beim Züchter unseres Vertrauens noch nicht „lieferbar", sie sollen unsere Eidechsenkollektion bei nächster Gelegenheit ergänzen und sich das Terrarium dann mit den Blindschleichen teilen, so wie beide Arten auch im Freiland syntop vorkommen (GÜNTHER & VÖLKL 1996).

11.7 Ernährung der Tiere im Freilandterrarium

Die überwiegende Mehrzahl der Eidechsen ernährt sich carnivor, d. h. sie benötigen vor allem kleine Gliedertiere als Nahrung. Dazu bietet der (gut sortierte) Fachhandel inzwischen diverse Arten von Futtertieren an: Grillen, Heimchen, Heuschrecken, Fliegen, Motten, Mehlkäferlarven und manches andere mehr – dies alles auch in unterschiedlichen Größen, so dass man die Futtertiergröße exakt auf die gehaltenen Pfleglinge abstimmen kann. Das ist recht wichtig, denn allzu große Futterbrocken bereiten den Tieren unnötig große Schwierigkeiten beim Verzehr, und im Extremfall können sie sogar daran ersticken. Wichtig ist, die Futtertiere während der (meist nur kurzen) Haltungszeit gut mit Nahrung, Vitaminen und Mineralstoffen zu versorgen, damit sie eine „wertvolle" Nahrung für die Eidechsen darstellen. Zum anderen kann man die Futtertiere auch vor der Verfütterung mit einem speziellen Mineralstoffgemisch (gut geeignet ist *Korvimin ZVT Plus Reptil*) einpudern, um so die entsprechenden Inhaltsstoffe den Reptilien zuzuführen. Dazu überführt man die benötigte Anzahl von Futtertieren zunächst in eine kleine Dose, bestäubt sie dann mit dem besagten Mineralstoff und schüttelt die Dose mit den Tieren nun leicht, so dass die Futtertiere rundum bepudert sind, ehe man sie zum Verfüttern ins Terrarium gibt. Zur Vitaminversorgung eignet sich eine Trinkwasserzugabe eines Multivitaminpräparats (z. B. *Vingantoletten*). Über die Futtermenge lassen sich nur allgemein gehaltene Aussagen treffen. Jungtiere haben fast ständig „Appetit" und dürfen ruhig täglich oder zumindest jeden zweiten Tag solange gefüttert werden, bis sie gesättigt sind. Es sollten also jeweils nur so viele Futtertiere ins Terrarium gegeben werden, wie die Tiere auch voraussichtlich zu sich nehmen werden. Dabei hüte man sich aber vor einer Überfütterung, denn die Jungtiere sollen „in Maßen" wachsen und nicht unverhältnismäßig schnell „hochgepowert" werden. Ein bis zwei Fastentage in der Woche können also nicht schaden. Erwachsene Eidechsen bekommen im Zimmerterrarium zwei- oder dreimal die Woche eine entsprechende Portion Heimchen, Grillen und Co. Auch sie sollten nur soviele Futtertiere ins Becken bekommen, wie sie in kurzer Zeit aktiv erjagen und fressen können.

Im Freilandterrarium liegen die Verhältnisse etwas anders. Bei großen Anlagen genügt oftmals ein sogenanntes „Impfen" des Terrariums bei Saisonbeginn. Das besteht einfach darin, dass eine größere Anzahl von Futtertiere ins Terrarium entlassen werden, so dass diese zum einen eine Zeitlang als Nahrungsgrundlage für die Eidechsen nach dem Auftauchen aus der Winterruhe reichen und sie sich zum anderen auch in bestimmten Maßen dort selbst vermehren. Hinzu kommt der Selbstversorgungseffekt der Tiere in solchen Anlagen. Je nach Strukturierung und Ausstattung finden sich in größeren Freilandterrarien viele Futtertiere auch „von außen" ein, nämlich Asseln, Käfer, Fliegen, Spinnen u.a., von denen sich die Eidechsen ernähren können. Andere Terrarianer füttern regelmäßig zu, indem sie in den Aktivitätsphasen der Eidechsen eine bestimmte Menge von Futtertieren ins Terrarium geben, von denen die Bewohner dann mehrere Tage leben können. Besondere Sorgfalt erfordert die Aufzucht von frisch geschlüpften Jungtieren (siehe dazu Kapitel 12 1 und 12.2).

Heimchen und Grillen sind die übliche Nahrung für Eidechsen im Terrarium.

Zur Ernährung von Blindschleichen werden kleine Nacktschnecken, Regenwürmer und Asseln benötigt.

Ein Sonderkapitel der Ernährung stellen Blindschleichen dar, deren Hauptnahrung in Terrarien aus kleinen Nacktschnecken, Regenwürmern und Asseln besteht (PETZOLD 1971). Nacktschnecken kann man in feuchten Jahren hundertfach im Garten absammeln und sie werden sich auch in größeren Freilandterrarien von selbst einfinden und vermehren. Dasselbe gilt auch für Asseln, die sich oft unter Baumstämmen, Steinplatten, Holzrinde usw. finden. Regenwürmer (oder ähnliches Ersatzfutter) gibt es im Zoofachhandel oder in Anglergeschäften zu kaufen, Mehlwürmer (= Mehlkäferlarven) können als Ersatzfutter bei Nahrungsengpässen zum Einsatz kommen. Regenwürmer lassen sich im Freilandterrarium leicht anlocken, indem man sich einige „Pferdeäpfel" vom nächsten Reiterhof besorgt, diese unter einer Abdeckung im Terrarium einbringt und abwartet, bis sich daran und darin Würmer eingefunden haben. Sie sind ein ideales Futter für erwachsene Blindschleichen. Die Aufzucht frisch geschlüpfter Tiere stellt dagegen eine gewisse Herausforderung dar (vgl. Abschnitt 12.2).

Viele Terrarianer züchten ihre Futtertiere selbst, dann haben sie die Gewissheit, dass es niemals Futterengpässe gibt. Letztere werden aber in Zeiten großer „Futtertierzuchtfarmen" immer seltener. Eigentlich gib es Heimchen und Grillen das ganze Jahr über problemlos zu kaufen. Wer es dennoch mit der Futtertierzucht selbst versuchen möchte, sei als Anleitung auf den Klassiker von FRIEDERICH & VOLLAND (2005) verwiesen.

Heimchen und Grillen sind ganzjährig in unterschiedlichen Größen im Zoofachhandel erhältlich und lassen sich somit genau auf die Größe der Eidechsen abstimmen.

Eher am Rande sei erwähnt, dass manche Eidechsen sich auch zu einem kleinen Teil vegetarisch ernähren. Alle in diesem Buch besprochenen Arten gehören weniger dazu. Aber die verwandten Arten, vor allem Perleidechsen, Riesensmaragdeidechsen oder die Mauereidechse-Arten der Balearen, decken teilweise bis zu 40 % ihres Nahrungsspektrums durch Verzehr von Beeren, Blütenpollen und überreifem Obst (KRONIGER & ZAWADZKI 2005). Im Terrarium kann man solchen Arten Kleinportionen von zerquetschen reifen oder überreifen Früchten (Birne, Banane, Pflaume) oder Kleinkinder-Fruchtbrei anbieten und diese dann gleich praktischerweise durch Vitamin- und Mineralstoffzusätze weiter aufwerten. Auch für unsere heimischen Arten kann man solche Angebote von süßem Obst versuchen, sie nehmen aber – wenn überhaupt – erfahrungsgemäß nur sehr kleine Mengen davon auf.

11.8 Winterruhe

Den Zeitpunkt (mit der entsprechenden Außentemperatur) für den Beginn der Überwinterung im Freilandterrarium wählen die Eidechsen selber. Die hier besprochenen Arten ziehen sich manchmal schon ab Ende August, in der Regel aber im September oder spätestens Anfang Oktober, in die Winterquartiere zurück. Dabei suchen sie sich selbst die für sie geeignet erscheinenden Überwinterungsorte, bevorzugt (vom Halter) natürlich die dafür angelegten „Überwinterungsbunker". Aber grundsätzlich bleibt das Überwinterungsgeschehen für den Halter eine Art „Black Box", denn man weiß nie genau, wo die Tiere sich wirklich einwintern, und hofft dann, dass sie an den ersten warmen Tagen im Frühjahr wieder wohlbehalten auftauchen. Ganz anders liegen die Dinge bei der Terrarienhaltung im Haus. Dabei gilt als Regel, dass die diesjährigen Schlüpflinge nicht in die Winterruhe „geschickt" werden, aber ab dem zweiten Winter ist eine solche für alle hier besprochenen „deutschen" Arten notwendig. Sie benötigen für einige Woche eine gewisse Kälteexposition, andernfalls kommen sie im Frühjahr schlechter oder gar nicht in ihren Fortpflanzungsmodus. Während die mediterranen Eidechsenarten einen „kürzeren und milderen" künstlichen Winter vertragen, benötigen die „deutschen" Arten nach BANNERT (1991) allesamt eine 10–12 wöchige Winterruhe bei 3 bis maximal 5° C. Wie lässt sich das erreichen? Viele Praktiker empfehlen, die Winterruhe etwa im November einzuleiten, indem die Tiere zunächst etwa 5 Tage nicht mehr gefüttert werden (damit sich ihr Darm entleeren kann), Trinkwasser bleibt aber noch verfügbar. Dann wird die Beleuchtung (und soweit vorhanden auch die Beheizung) im Terrarium innerhalb einiger Tage schrittweise heruntergefahren, und schließlich können die Tiere zu zweit in mit einer Sand-Torf-Mischung gefüllte Plastikdosen (mit perforiertem Deckel) überführt und nun einige Tage an einen kühleren Ort (mit rund 8–10° C Umgebungstemperatur) gestellt werden. Danach verbringt man die Dosen mit den Tieren an den endgültigen Überwinterungsort, wo dann maximal noch 5° C herrschen. Das kann ein kühler Kellerraum, ein Gartenschuppen oder eine unbenutzte Garage sein. Die Temperaturen sollten nicht über 5° C steigen, weil die Tiere sonst nicht richtig zur Ruhe kommen, immer wieder aufwachen und dadurch zu viel Energie verbrauchen. Hier verbleiben die Eidechsen nun bis zu 12 Wochen, die Dosen werden allerdings wöchentlich kontrolliert. Das Substrat darf keineswegs nass sein, sondern wird mit kaltem (!) Wasser nur leicht feucht gehalten, und das entstehende Kondenswasser an den Dosendeckeln abgetupft.

BANNERT (1991) schlägt in ihrem Beitrag mit dem provokanten Titel „Eidechsen im Gemüsefach" die Überwinterung der Tiere in diesen Dosen bei einer konstanten Temperatur von maximal 5° C im Kühlschrank vor und beschreibt in ihrem Beitrag die Vorteile. So skurril dieser Gedanke zunächst anmuten mag, ist diese Art der Überwinterung zumindest eine Alternative für diejenigen, die in ihrer Wohnung oder Wohnumgebung nirgendwo einen von der richtigen Temperatur her geeigneten Überwinterungsraum zur Verfügung haben.

Spätestens Ende Februar werden die Tiere dann wieder „zum Leben erweckt", indem der gesamte Vorgang nun umgekehrt abläuft. Zunächst wird

die Umgebungstemperatur Schritt für Schritt wieder erhöht bis etwa 10° C, dann werden die Tiere zurück ins Terrarium gesetzt, wo dann wenige Tage später die Beleuchtung (und ggf. die Heizmatte) nach und nach wieder eingeschaltet wird, bis wieder die normale Temperatur und Luftfeuchtigkeit im Becken erreicht ist. Dann fängt man natürlich auch wieder mit der Fütterung an. Es wird ab diesem Zeitpunkt nicht lange dauern, bis sich die Tiere zum ersten Mal wieder häuten, und kurz darauf beginnt die Paarungszeit.
Eine solche Überwinterung darf nur mit gesunden Tieren durchgeführt werden, die mindestens im zweiten Lebensjahr stehen. Sie birgt immer ein gewisses Risiko, sei es dass man ein ungeeignetes Überwinterungssubstrat verwendet (das dann z. B. schimmelt), sei es dass man die notwendig niedrige Temperatur nicht kontinuierlich hinbekommt, sei es dass sich Schädlinge im Substrat eingeschlichen haben usw. Aber auch im Freilandterrarium (und erst recht im Freileben der Tiere) gibt es stets Überwinterungsrisiken, die man als Halter niemals ganz ausblenden oder beherrschen kann.

11.9 Lebenserwartung

Die Lebenserwartung von Eidechsen im Terrarium ist abhängig von der genetischen Disposition, der Herkunft (Wildfang oder Nachzucht), den Haltungsbedingungen und der Gruppenzusammensetzung der Tiere (vgl. ROGNER 2002). Ohne an dieser Stelle ins Detail gehen zu wollen, sei zusammenfassend gesagt, dass heimische Eidechsen durchaus 10 Jahre alt (und älter) werden können. In den entsprechenden Artkapiteln bei GÜNTHER (1996) werden Haltungsdauern bei Zauneidechsen von 12 und 13 Jahren, bei Smaragdeidechsen von 10–12 Jahren, bei Mauereidechsen von 10 Jahren und bei Blindschleichen sogar von 30 und 33 Jahren genannt. Für andere Eidechsenarten hat BANNERT (1998) eine sogenannte „Methusalem-Liste" mit Höchstaltern gehaltener Tiere zusammengestellt. Darin halten drei Pityusen-Eidechsen (*Podarcis pityusensis*) mit 17, 18 und 18 Jahren Haltungsdauer den Altersrekord.

12 NACHWUCHS bei den Eidechsen

DIE ZUCHT VON HEIMISCHEN EIDECHSEN IST HEUTE AN SICH KEIN GRÖSSERES PROBLEM MEHR. IN DER REGEL SCHREITEN GESUNDE, GESCHLECHTSREIFE TIERE NACH EINER SACHGEMÄSSEN ÜBERWINTERUNG ZÜGIG ZUR PAARUNG UND EIABLAGE.

Der Schlupf und Aufzuchterfolg ist dann allerdings von Art zu Art verschieden und auch maßgeblich von den Haltungsbedingungen abhängig. Wer seine Tiere im Zimmerterrarium oder den Sommer über in einem übersichtlichen kleinen Freilandterrarium hält, wird normalerweise genau mitbekommen, wann die Eidechsenweibchen trächtig sind und wann sie (etwa) ihre Eier ablegen. Dann kann man reagieren. Entweder man gräbt das Gelege dann vorsichtig aus und überführt es in eine Brutmaschine, oder man lässt (bei Zaun- und Mauereidechsen) den Dingen seinen Lauf, denn auch bei mäßigem Sommerwetter schlüpfen deren Jungtiere in der Regel von alleine. Erst dann folgt die problematischere Zeit der Aufzucht der Jungen. Wer hingegen seine Tiere ganzjährig in größeren Freianlagen hält, muss besonders

Nach der Winterruhe im Freilandterrarium tauchen die Alttiere irgendwann aus dem „Untergrund" wieder auf.

gut hinsehen, damit er Eiablagezeitpunkt, -ort und Schlupf mitbekommt. Oftmals flitzen plötzlich und unerwartet die Schlüpflinge durch das Terrarium und können dann nur schwer eingefangen werden. Verbleiben sie einfach in diesem Großterrarium, besteht die Gefahr, dass sie nicht genügend (kleines) Futter finden oder dass sie zu Opfern anderer Terrarienbewohner oder gar ihrer eigenen Eltern werden.

Grundsätzlich gilt, dass für langfristige Nachzuchterfolge mehrere Einflussfaktoren von entscheidender Bedeutung sind. Dazu gehört zum ersten die „Fitness" der Elterntiere. Die Weibchen haben durch die Partnerwahl (die im Terrarium allerdings meist nicht oder nur eingeschränkt gegeben ist) Einfluss auf die genetische Ausstattung ihrer Nachkommen. Ein vitales, gut entwickeltes, farbkräftiges Männchen wird diese Eigenschaften vermutlich auch an seine Jungen weiter geben. Aber auch die Kondition des Weibchens spielt eine wichtige Rolle. Gut ernährte (und mit allen wichtigen Vitaminen und Mineralstoffen versorgte) Weibchen werden voraussichtlich relativ größere und qualitativ hochwertigere Gelege absetzen als mindernährte Tiere. Schließlich spielt auch die Haltungstemperatur (der Einfluss von UV-Licht in der Eidechsenhaltung wird allerdings kontrovers diskutiert) eine ebenso wichtige Rolle wie die Eizeitigungstemperatur (in der Brutmaschine). Der Einfluss der Temperatur auf die Embryonen wird meist unterschätzt. Genauere vergleichende Studien an unterschiedlichen Eidechsenarten haben ergeben, dass bei unterschiedlich hohen Temperaturen nicht nur ein unterschiedlicher Schlupferfolg zu registrieren ist, sondern dass auch die Fitness der Schlüpflinge (Vitalität, Größe) in einem bestimmten Temperaturbereich (in der Regel bei mittleren Temperaturen) am höchsten ist (vgl. zu dieser Thematik SCHLÜTER 2010). Eine umfassende Übersicht über „Inkubation von Reptilieneiern" bietet das gleichnamige Buch von KÖHLER (2004), das insbesondere auch auf die Wechselwirkungen von Bruttemperatur, Lüftung und Substratfeuchtigkeit für alle bekannten Reptiliengruppen eingeht.

12.1 Zucht und Aufzucht im Zimmerterarrium

Die Zucht von heimischen Eidechsen im Zimmerterrarium hat eine lange Tradition und geht bis in die Anfänge der Terrarienhaltung in Deutschland zurück. Auch in unserer eigenen „Frühzeit" als Terrarianer in den 1970er Jahren waren in den Zoogeschäften immer wieder auch Zaun- und Mauereidechsen für kleines Geld im Angebot, derweil damals die heutigen Massen der Exoten noch nicht importiert wurden. Seinerzeit sprach noch niemand von Gefährdung, Schutz und Bundesartenschutzverordnung, damals wurden die Tiere einfach aus der Natur entnommen, immer wieder auch mal nachgezüchtet und dann an andere Terrarianer weitergegeben. So kamen auch wir seinerzeit zu unseren ersten Zauneidechsen, die zwar lange gelebt, sich aber niemals vermehrt haben.

Heute weiß man, dass Zaun-, Mauer- und Waldeidechsen keine Idealbewohner für Zimmerterrarien sind, sie gehören zweifellos eher in ein Freilandterrarium. Aber auch im Zimmerterrarium gelingt die Zucht, wenn die Voraussetzungen stimmen. Dazu gehören zum einen ein geschlechtsreifes, gesundes Paar, zum zweiten eine ausgewogene Ernährung, zum dritten ein adäquat ausgestattetes Terrarium (mit Sonnenplätzen, Versteckplätzen, Eiablageplatz und Wasserschale) und schließlich das konsequente Einhalten einer Winterruhe. Meist sind nach der Winterruhe zunächst die Männchen die aktiveren Tiere und zeigen sich schon nach kurzer Zeit (und der ersten Häutung) den Weibchen gegenüber paarungsbereit. Imponier- und Balzverhalten begleiten den ersten Teil der Reproduktionsphase, wenig später kommt es zum Flankenbiss, ehe es bei den meisten dann zum „Paarungsmarsch" und schließlich zur Kopulation kommt. Die Weibchen nehmen daraufhin schnell an Körperumfang zu und legen schließlich ihre Gelege (bevorzug nachts) in selbst gegrabenen Erd-, Substrat- oder Sandhöhlen ab, die sie unmittelbar nach der Eiablage wieder zuscharren. Als „Zimmer-Terrarianer" bekommt man meist mit, wann die Eiablage erfolgt ist, denn zum einen zeigen sich die Weibchen danach „schlanker", zum anderen wird man im Terrarium in der Regel die Eiablagestelle leicht erkennen. Nun wird das Gelege vorsichtig freigelegt (zuerst mit kleinem Löffel, zuletzt mit feinem Pinsel), dann überführt man die Eier in der gleichen Lage in vorbereitete Schälchen mit dem Substrat Vermiculit (im Fachhandel erhältlich), das vorher angefeuchtet wurde. Eine Faustregel besagt, dass das Vermiculit vorab in Wasser angefeuchtet und dann mit der Hand kräftig ausgedrückt wird, bis kein Wasser mehr heraustropft. Dieses angefeuchtete Substrat kommt dann flach (3–4 cm hoch) in kleine Schälchen (z. B. leere Heimchendosen) und darauf werden dann die geborgenen Eier in kleinen Mulden gebettet – etwa sechs pro Heimchendose mit einem Abstand von einigen Zentimetern zwischen den einzelnen Eiern. Diese Dosen kommen nun (oben offen) in die Brutmaschine, die inzwischen auf Temperatur gebracht wurde. Für die Inkubation von Reptilieneiern sind für den Laien nur drei Dinge wichtig: erstens die Temperatur in der Brutmaschine, zweitens die Belüftung der Eier und drittens die gelegentliche Befeuchtung des Substrats – weiter nichts, denn Reptilieneier benötigen keine weitere Umsorgung und brauchen auch nicht, wie Vogeleier, regelmäßig gewendet zu werden.

Beginnen wir mit der Bruttemperatur. Grundsätzlich gilt: je höher (natürlich in bestimmten Grenzen) die Temperatur liegt, umso kürzer ist die Brutzeit bis die Jungtiere schlüpfen. Am Beispiel der Mauereidechse haben sich nach VAN DAMME (1992) folgende Parameter ergeben: Bei konstanten Bruttemperaturen von 35° C schlüpften die Jungtiere nach durchschnittlich 25 (+/- 1,5) Tagen, bei 29° C nach durchschnittlich 33,8 (+/- 0,1) Tagen, bei 26° C nach durchschnittlich 46,8 (+/- 0,2) Tagen, bei 24° C nach durchschnittlich 73,6

(+/- 0,6) Tagen und bei 18° C nach 122–160 Tagen. Der Schlupferfolg lag bei 26° C mit 90,5 % deutlich höher als bei Bruttemperaturen von 24° C (= 73,3%) oder 35° C (= 12,5%). Neben der besseren Schlupfrate erwiesen sich auch die bei 24–26° C erbrüteten Schlüpflinge als größer, vitaler und zeigten ein schnelleres Wachstum gegenüber den Jungtieren mit höheren Bruttemperaturen.

Grundsätzlich lässt sich festhalten, dass Temperaturen kurz oberhalb von 24° C für die Entwicklung unserer beiden heimischen Arten Zaun- und Mauereidechse günstig sind, derweil die Bruttemperaturen für die beiden Smaragdeidechsenarten (und andere südeuropäische Eidechsenarten) im Durchschnitt ein wenig höher liegen sollten (und bei 25–27° C am günstigsten sind). Waldeidechse und Blindschleiche sind dagegen in unseren Breiten ja lebendgebärend. Speziell bei der Waldeidechse ist im Terrarium eine Trächtigkeit durch eine Umfangsvermehrung der Weibchen deutlich festzustellen. Sie setzen nach einer temperaturabhängigen Tragzeit von bis zu drei Monaten ihre 3–8 (11) voll entwickelten Jungtiere ab. Bei den Blindschleichen werden etwa drei Monate nach der Kopulation durchschnittlich 6–10 Jungtiere geboren.

Die Belüftung der Eier erfolgt bei den preiswerten oder den selbstgebauten Brutmaschinen durch einfaches Öffnen des Deckels für wenige Minuten am Tag, exklusivere Modell erledigen das technisch durch Zuschalten eines Belüfters. Das Substrat muss über die gesamte Brutzeit leicht feucht gehalten werden. Das erfolgt durch tropfenweise Zugabe von Wasser (alle paar Tage). Keineswegs darf es zur Schimmelbildung an den Eiern kommen, dadurch würde ein Gelege schnell verderben.

Die Eier im Brüter werden etwa wöchentlich kontrolliert und dann wird auch die Luftfeuchtigkeit (durch Zugabe von Wasser in den dafür vorgesehenen Behälter in der Brutmaschine) und zusätzlich durch vorsichtiges Beträufeln des Substrats (nicht der Eier!) geregelt. Wenn die Eier noch normal geformt sind, ist kein weiterer Eingriff erforderlich, wenn sie eingefallen wirken, muss die Luftfeuchtigkeit etwas erhöht werden. Eier, die sich normal entwickeln, werden im Laufe der Inkubationszeit üblicherweise etwas größer. So ermittelten TROIDL & TROIDL (2000) z. B., dass Eier der Kaspischen

Smaragdeidechse (*Lacerta strigata*) von ursprünglich 1,4 cm Länge innerhalb von drei Bebrütungswochen auf 1,9 cm „wuchsen".
Der bevorstehende Schlupf der Jungtiere kündigt sich durch eine Art „Schwitzen" der Eier an, sie zeigen auf der Oberfläche kleine Wassertropfen. Wenig später durchstößt die erste Eidechsenschnauze die Eischale und befreit sich kurz darauf (aber manchmal auch erst innerhalb von zwei Tagen) vollständig aus der Eiumhüllung. Schließlich ist die erste Eidechse geschlüpft – und bei Zaun- und Mauereidechse so winzig, dass sie kaum zu händeln ist. Das ist in den ersten zwei Tagen zunächst auch nicht notwendig. Denn man belässt sie erst einmal im Inkubator, in dem in den nächsten Tagen dann meist weitere Jungtiere des gleichen Geleges schlüpfen. Nach etwa zwei Tagen werden die Jungen dann in ein kleines Aufzuchtterrarium überführt, das lediglich eine Miniwasserschale, einen Versteckplatz, eine Wärmequelle und einen Bodenbelag aus Küchenfließ enthält. Letzteres gilt als Vorsorgemaßnahme für die Zeit bis der Dottersack(rest), der den Tieren als Energievorrat nach dem Schlupf dient, (meist innerhalb von 48 Stunden) resorbiert und die Bauchdecke bei den Schüpflingen vollständig geschlossen ist. Danach bekommen auch sie eine Sandeinstreu in ihrem Terrarium.

Es bleibt noch die Frage der Ernährung der Winzlinge. Der gut sortierte Fachhandel bietet heute auch kleinste Futtertiere („Mikro-Heimchen") an, mit denen die Jungen zunächst ernährt werden. Sie zeigen sich anfangs etwas unbeholfen, lernen dann aber schnell den Beutefang, und der Appetit der Jungen ist schon bald enorm – man kann sie gewissermaßen wachsen sehen. Allerdings hüte man sich vor einer Überfütterung, damit die Entwicklung der Jungtiere im Rahmen verläuft. Mit der Zeit kann das Futterangebot abwechslungsreicher gestaltet werden, denn die Beutetiere können nun zunehmend größer werden und auch das im Handel verfügbare Spektrum an größeren Futtertieren ist etwas höher. Ein Problem bei der gleichzeitigen Aufzucht mehrerer Jungtiere in einen Terrarium ist der Futterneid. Zwar werden die Tiere gegenseitig angeregt, aktiv Beute zu fangen, aber meist kristallisiert sich in einer Gruppe schnell ein dominantes Tier heraus, das andere

Jungtiere verjagt. Und nicht selten bleibt der letzte in der „Nahrungskette" auf der Strecke. Fängt man dieses Tier heraus, um es gesondert aufzuziehen, vollzieht sich das gleiche Prinzip dann voraussichtlich auch bei dem nächstschwächeren Jungtier. Die sachgemäße Aufzucht der Jungtiere bedarf also eines gewissen Fingerspitzengefühls (vgl. dazu auch RICHTER 2010).

12.2 Zucht und Aufzucht im Freilandterrarium

Auch im Freilandterrarium sind Zuchterfolge ohne eigenes Zutun möglich. Zaun- und Mauereidechsen pflanzen sich bei nicht allzu verregneten bzw. kühlen Sommern ohne weitere Eingriffe fort, d. h. sie legen ihre Eier in geeignetes Bodensubstrat und diese werden durch die Umgebungstemperatur gezeitigt. Je kühler die Witterung, desto länger dauert die Entwicklungszeit der Embryonen. Eines Tages ist es dann jedenfalls soweit und man findet die ersten Jungtiere (oft eher zufällig) im Terrarium. Unsere Zaun- und

Gerade schlüpfende Eidechsen.

Frisch geborene Blindschleiche.

Mauereidechsen-Schlüpflinge hocken zunächst an den Bodenbrettern der Terrarienumrandung und verhalten sich dort längere Zeit bewegungslos. Selten sieht man ein Jungtier in der Vegetation oder auf Sonnenplätzen. Nach wenigen Tagen sind die Jungen aber schon blitz-agil und kaum noch ohne Hilfsmittel einzufangen, wenn das beabsichtigt ist. Ein kleiner Aquarienkescher leistet dann gute Dienste, um die Tiere aus dem großen Terrarium zu entnehmen und in kleine Aufzuchtterrarien zu überführen. Das muss man nicht machen, in großen Anlagen und bei guter Futterversorgung werden die Schlüpflinge oftmals auch im Freiland groß. Allerdings sind sie dort eher auch Gefahren ausgesetzt, z. B. durch den Kannibalismus ihrer Eltern. Diese unterscheiden nämlich kaum zwischen Beutetieren gleicher Größe und ihren eigenen Jungtieren. Wer auf Nummer sicher gehen will, fängt die Jungen heraus und zieht sie in Kleinterrarien gesondert auf (siehe Abschnitt 12.1.).
Es gibt noch zwei weitere Möglichkeiten, einigermaßen verlässlich den Nachwuchs seiner Eidechsen zu sichern. Zum einen kann man die hochträchtigen Weibchen einige Zeit vor der erwarteten Eiablage einfangen und in überschaubare Freiland- oder Zimmerterrarien überführen, wo wenig später die Eiablage erfolgt. Die Gelege werden dann vorsichtig freigelegt, entnommen und in die Brutmaschine überführt. Oder aber man kennt bzw.

ermittelt die Eiablageplätze der Weibchen im Freilandterrarium und überführt die Eier dann von dort in die Brutmaschine. Denn oftmals vergraben die Eidechsen alljährlich ihre Gelege an der gleichen Stelle, so dass man dann nur noch den richtigen Zeitpunkt abpassen muss, wenn die Tiere sich plötzlich wieder „schlanker" auf den Sonnenplätzen präsentieren und offensichtlich ihre Eier abgesetzt haben. Dann ist allerdings immer noch keine besondere Eile geboten, denn die Gelege können auch erst nach einigen Tagen in den Inkubator verbracht werden. Wichtig ist in jedem Fall, dass die Eier in *der aufgefunden Lage* (also ohne Drehen und Wenden) auf das Substrat in den Brutdosen gelegt werden.

Bei den lebend gebärenden Waldeidechsen muss man bis zur Geburt der Jungtiere nichts weiter unternehmen. Hier gilt das Augenmerk dann aber wiederum den eben geborenen Jungen, dass sie nicht zu Beutetieren ihrer Eltern oder in Gemeinschaftsterrarien auch anderer Eidechsen werden. Bei den Blindschleichen besteht diese Gefahr eher weniger, zumindest konnten wir in der Literatur nur einige wenige Hinweise auf solche „Übergriffe" auf die frisch geborenen Jungtiere durch die eigenen Eltern finden (PETZOLD 1971). Während Waldeidechsen unter geeigneten Futter- und Platzbedingungen durchaus im Freilandterrarium groß werden können, lauten die Erfahrungen mit jungen Blindschleichen anders. Sie müssen möglichst aus der Freianlage heraus gefangen und gesondert in kleinen Terrarien aufgezogen werden, sonst gelingt eine ordnungsmäße Versorgung nicht und die Tiere gehen zugrunde. Allerdings ist die Ernährung der Jungtiere nicht ganz einfach sicherzustellen. Sie fressen u. U. kleinste Mehlwürmer als Ersatzfutter, vor allem aber kleine Asseln und Spinnen sowie kleinste Regenwürmer. Darüber hinaus empfiehlt PETZOLD (1971) die aus der Zierfischernährung bekannten Enchyträen zur Aufzucht junger Blindschleichen einzusetzen, unter Umständen „kann man es sogar riskieren, die Jungen in den ersten Wochen in einer Enchyträenkiste einzuquartieren" (PETZOLD 1971, Seite 46). Wir halten unsere Blindschleichen erst seit wenigen Monaten und haben mit der Aufzucht von Jungen noch keine weiteren Erfahrungen. Somit können wir aus der eigenen Praxis bislang keine hilfreichen Tipps beisteuern.

13 AUSBLICK

DIE HALTUNG VON HEIMISCHEN EIDECHSEN – SOWOHL IM ZIMMER- ALS AUCH IM FREILANDTERRARIUM – IST EIN FASZINIERENDES HOBBY. ES DIENT DER SINNVOLLEN BESCHÄFTIGUNG FÜR „TIERMENSCHEN", BIETET EINBLICKE IN BIOLOGIE UND FORTPFLANZUNG VON REPTILIEN UND GEWÄHRT SO GANZ NEBENBEI AUCH NOCH INTERESSANTE TIERBEOBACHTUNGEN UND FOTOMÖGLICHKEITEN.

Diese „heile Welt" im Terrarium sollte allerdings nicht darüber hinweg täuschen, dass die Mehrzahl der „deutschen" Reptilien mittlerweile in der Natur gefährdet oder gar vom Aussterben bedroht ist. So gesehen bleibt bei der eigenen Reptilienhaltung oft auch ein bitterer Beigeschmack, wenn man bedenkt, dass es ihren freilebenden Artgenossen an vielen Orten inzwischen lange nicht mehr so gut geht, wie z.B. gut gehegten Eidechsen in geräumigen und gut strukturierten Freilandgehegen. Andererseits kann auch das beste Gehege die Freiheit für die Tiere, dort wo die Lebensräume noch intakt sind, nicht ersetzen, sondern nur ansatzweise imitieren.

Für uns bleibt als Ausblick also ein zwiespältiges Gefühl für die Zukunft. Einerseits scheinen viele Eidechsenpopulationen gegenwärtig im Freiland noch intakt und entwicklungsfähig zu sein. Das sollte auch so bleiben und muss mit allen Mitteln unterstützt werden, damit auch unsere Kinder und Enkelkinder noch die Chance habe, hier und dort mal eine freilebende Eidechse vorbeihuschen zu sehen. Anderseits scheint uns aber fast schon der Zeitpunkt für die Notwendigkeit seriöser Erhaltungszuchten gekommen, sodass einige Arten zumindest in Menschenobhut überleben werden. Gerade für die beidem Smaragdeidechsenarten sieht es in Deutschland düster aus. Sie wären mögliche Kandidaten für solche Zuchtprojekte – auch wenn beide Arten im übrigen Verbreitungsgebiet noch durchaus häufiger vorkommen. Solche Projekte können allerdings nur gut informierte Terrarianer – sei es im Zoo, im Reptilienpark oder im privaten (Freiland-)Terrarium – realisieren. Bewahren Sie sich also einen wachen Blick für die diesbezüglichen Entwicklungen der nächsten Jahre, lesen Sie die jeweils aktuelle Fachliteratur zum Thema und beteiligen Sie sich an entsprechenden Natur- und Artenschutzprojekten. Wenn unser Buch dazu einen Anstoß geben oder einen Beitrag leisten kann, freuen wir uns darüber sehr.

14 DANKSAGUNG

EIN BUCH WIE DAS VORLIEGENDE GEHT NIE ALLEIN AUF DIE VERFASSER ZURÜCK. DIE (ER-) KENNTNISSE BEI DER TIERHALTUNG LASSEN SICH IN DER REGEL NUR ÜBER EINEN LÄNGEREN ZEITRAUM, UND WÄHRENDDESSEN VOR ALLEM DURCH GESPRÄCHE MIT ERFAHRENEREN GLEICHGESINNTEN UND DAS SORGFÄLTIGE STUDIUM DER LITERATUR GEWINNEN. DIE SCHLECHTEN ERFAHRUNGEN UND DIE PFLEGEFEHLER STELLEN SICH DARÜBER HINAUS GANZ VON SELBST EIN.

Wir danken jedenfalls zunächst denjenigen, die uns – ohne sie namentlich aufführen zu können – über die Jahre unserer Eidechsenhaltung mit Rat und Tat zur Seite gestanden haben, wobei allerdings die „Gattung" der Freilandterrarianer nicht allzu weit verbreitet und damit das allgemeine Erfahrungspotenzial begrenzt zu sein scheint. Für die Bereitstellung einiger Fotos sind wir Herrn Benny Trapp zu herzlichem Dank verpflichtet. Nicht zuletzt gilt unser Dank dem Verleger Thorsten Geier, der es in Zeiten ausufernder Terrarienliteratur gewagt hat, uns ein solch spezielles Thema anzuvertrauen und in Buchform auf den Markt zu bringen. Wir hoffen zumindest, dass es dem Interessentenkreis als Anregung und hilfreiche Handreichung für die Haltung einheimischer Eidechsen dient.

15 LITERATURVERZEICHNIS– verwendete und weiterführende Literatur

Arbeitskreis Amphibien und Reptilien Nordrhein-Westfalen (Hrsg., 2011): Handbuch der Amphibien und Reptilien Nordrhein-Westfalens, 2 Bde., Bielefeld

ARNDT, S. (1991): Melanotische Bergeidechsen von der Nordseeinsel Wangerooge, Die Eidechse 4: 29

BANNERT, B. (1991): Eidechsen im Gemüsefach – Erfahrungen zur Überwinterung von Eidechsen, Die Eidechse 4: 2–7

BANNERT, B. (1994): Bericht über Freiland-Haltung und erfolgreiche Nachzucht von *Lacerta lepida* in Österreich, Die Eidechse 5: 8–9

BANNERT, B. (1998): Zur Lebenserwartung verschiedener Eidechsen im Terrarium, Die Eidechse 9: 59–66

BISCHOFF, W. (1984): Zauneidechse –*Lacerta agilis*, in: W. Böhme (Hrsg.): Handbuch der Reptilien und Amphibien Europas, Bd. 2/I, Echsen II, S. 23–68, Wiesbaden

BISCHOFF, W. (2005): Die Echten Eidechsen der Familie *Lacertidae* – eine Übersicht, Draco 21: 5–27

BITZ, A. & L. SIMON (1996): Die neue „Rote Liste der bestandsgefährdeten Lurche und Kriechtiere in Rheinland Pfalz", in: A. Bitz, K. Fischer, L. Simon, R. Thiele & M. Veith (Hrsg): Die Amphibien und Reptilien in Rheinland Pfalz, Bd. 2: 615–618, Landau (Gesellschaft für Naturschutz und Ornithologie)

BMEL (1997): Mindestanforderungen an die Haltung von Reptilien, Gutachten der „Sachverständigengruppe tierschutzgerechte Haltung von Terrarientieren", in Zusammenarbeit mit der DGHT herausgegeben vom Bundesministerium für Ernährung und Landwirtschaft, Bonn

BLAB, J. (1982): Hinweise für die Erfassung von Reptilienbeständen, Salamandra 18: 330–337

BLAB, J., R. GÜNTHER & E. NOWAK (1994): Rote Liste und Artenverzeichnis der in Deutschland vorkommenden Kriechtiere (*Reptilia*), in: E. Norwak, J. Blab & R. Bless (Hrsg.): Rote Liste der gefährdeten Wirbeltiere in Deutschland: 109–124

BLANKE, I. (2004): Die Zauneidechse zwischen Licht und Schatten, Z. Feldherpetologie, Beiheft 7: 1–160, Bielefeld

BÖHME, W. (Hrsg. 1984): Handbuch der Amphibien und Reptilien Europas, Bd. 2/1, Echsen II (*Lacerta*), Wiesbaden

BÖHME, W. (Hrsg. 1986): Handbuch der Amphibien und Reptilien Europas, Bd. 2/2, Echsen III (*Podarcis*), Wiesbaden

BÖHME, W. (2012): A record-sized specimen of the western slow worm (*Anguis fragilis*), Z. Feldherpetologie 19 (1): 117–118

BÖKER, T. (1990): Zur Ökologie der Smaragdeidechse am Mittelrhein II: Populationsstruktur, Phänologie, Salamandra 26 (2/3): 97-115

BÖKER, T. (1992): Zum Schutz der Smaragdeidechse: grundlegende Kenntnisse für die Durchführung, Fauna Flora Rheinland-Pfalz, Beih. 6: 47–53

BRAMKE, K. (2014): Eine populationsökologische Untersuchung einer Zauneidechsenteilpopulation in der Döberitzer Heide, Rana 15: 33–44

BRANDT, I. & K. FEUERRIEGEL (2004): Artenhilfsprogramm und Rote Liste. Amphibien und Reptilien in Hamburg - Verbreitung, Bestand und Schutz der Herpetofauna im Ballungsraum Hamburg, Hamburg (Behörde für Stadtentwicklung und Umwelt, Naturschutzamt)

BROCKSIEPER, U., M. HACHTEL, P. SCHMIDT & W. BÖHME (2008): Die Blindschleiche im Kottenforst bei Bonn: Populationsstruktur, Erfassbarkeit und individuelle Wiedererkennung, Rundbrief zur Herpetofauna von NRW 32: 43–50

DIECKMANN, M. (2001):Vermehrung von *Lacerta bilineata bilineata* im Freilandterrarium, Die Eidechse 12: 80–83

DIECKMANN, M. (2011): Eidechsen im Freilandterrarium, Terraria 6 (30): 57–65

DGHT (Hrsg. 2010): Mauereidechse – Reptil des Jahres 2011, Info-Flyer, Rheinbach

EICHENBERGER, P. (1981): Smaragdhagedissen kweken op bestelling, *Lacerta* 39 (6/7): 72–76

ELBING, K. (2001): Die Smaragdeidechsen: zwei (un-)gleiche Schwestern, Bochum

ELBING, K., R. GÜNTHER & U. RAHMEL (1996): Kapitel Zauneidechse *Lacerta agilis*, in: R. Günther, Hrsg., Die Amphibien und Reptilien Deutschlands: 535–557, Jena

ELBING, K. & H.-K. NETTMANN (Hrsg. 2001): Beiträge zur Naturgeschichte und zum Schutz der Smaragdeidechsen (*Lacerta s. str.*), Mertensiella 13: 1–285, Rheinbach

ESTERBAUER, H. (2005): Zur Ökologie und Terrarienhaltung der Östlichen Riesensmaragdeidechse *Lacerta media israelica*, Draco 21: 43–47

FLOTTMANN, H.-J., C. BERND, J. GERSTNER & A. FLOTTMANN-STOLL (2008): Rote Liste der Amphibien und Reptilien des Saarlandes (Amphibia, Reptilia), in: Ministerium für Umwelt und Delattinia (Hrsg.): Rote Liste gefährdeter Pflanzen und Tiere des Saarlandes. Saarbrücken: 307–328

FRANZEN, M. & H.-J. GRUBER (2004): *Iberolacerta horvathi*, in: B. Petersen, G. Ellwanger, R. Bless, P. Boye, E. Schröder & A. Ssymank (Hrsg.): Das europäische Schutzgebietssystem Natura 2000. Ökologie und Verbreitung von Arten der FFH-Richtlinie in Deutschland, Band 2: Wirbeltiere, Schriftenreihe für Landschaftspflege und Naturschutz, Heft 69 (Band 2): 84–89, Bonn - Bad Godesberg

FREUNDT, R. & G. FREUNDT (2012): Eine Erfolgsgeschichte: Zauneidechsen im Diersfordter Wald, Jahrbuch Kreis Wesel 33: 119–125

FREUNDT, R., W. MÜLLER & G. FREUNDT (2011): Kreis Wesel: Zauneidechsen in einem Sekundärlebensraum, Natur in NRW 36, S. 29–33

FRIEDRICH, U. & W. VOLLAND (2005): Futtertierzucht – Lebendfutter für Vivarientiere, Stuttgart

FRITZ, K. (1987): Die Bedeutung anthropogener Standorte als Lebensraum für die Mauereidechse (*Podarcis muralis*) dargestellt am Beispiel des südlichen Oberrhein- und des westlichen Hochrheintals, Beih. Naturschutz und Landschaftspflege Baden-Württemberg 41: 427–462

FRITZ, K. & P. SOWIG (2007):Kapitel Westliche Smaragdeidechse *Lacerta bilineata*, in: H. Laufer, K. Fritz & P. Sowig (Hrsg): Die Amphibien und Reptilien Baden-Württembergs: 559–576, Stuttgart

GLANDT, D. & W. BISCHOFF (Hrsg. 1988): Biologie und Schutz der Zauneidechse (*Lacerta agilis*), Mertensiella 1: 1–257, Bonn

GLANDT, D. (1979): Beitrag zur Habitat-Ökologie von Zauneidechse (*Lacerta agilis*) und Waldeidechse (*Lacerta vivipara*) im nordwestdeutschen Tiefland, nebst Hinweisen zur Sicherung von Zauneidechsen-Beständen, Salamandra 15: 13–30

GLANDT, D. (1988): Populationsdynamik und Reproduktion experimentell angesiedelter Zauneidechsen (*Lacerta agilis*) und Waldeidechsen (*Lacerta vivipara*), Mertensiella 1: 167–177, Bonn

GLANDT, D. (2010): Taschenlexikon der Amphibien und Reptilien Europas, Wiebelsheim

GRUSCHWITZ, M. (1992): Artenschutzprojekt Smaragdeidechse, Fauna Flora Rheinland-Pfalz, Beih. 6: 39–45

GRUSCHWITZ, M. & W. BÖHME (1985): *Podarcis muralis* – Mauereidechse, in: W. Böhme. (Hrsg.): Handbuch der Reptilien und Amphibien Europas – Echsen III (*Podarcis*): 155–208, Wiesbaden

GÜNTHER, R. (1996): Kroatische Gebirgseidechse – *Lacerta horvathi*, in: R. Günther (Hrsg.): Amphibien und Reptilien Deutschlands: 580–588, Jena

GÜNTHER, R. & W. VÖLKL (1996a): Waldeidechse – *Lacerta vivipara*, in: R. Günther (Hrsg.): Amphibien und Reptilien Deutschlands: 588–600, Jena

GÜNTHER, R. & W. VÖLKL (1996b): Blindschleiche – Anguis fragilis, in: R. Günther (Hrsg): Amphibien und Reptilien Deutschlands: 617–631, Jena

GÜNTHER, R., H. LAUFER & M. WAITZMANN (1996): Mauereidechse – *Podarcis muralis*, in: R. Günther (Hrsg.): Amphibien und Reptilien Deutschlands: 600–617, Jena

GÜNTHER, R. (Hrsg. 1996): Die Amphibien und Reptilien Deutschlands, Jena

HACHTEL, M., P. SCHMIDT, U. BROCKSIEPER & C. RODER (2009): Erfassung von Reptilien – eine Übersicht über den Einsatz künstlicher Verstecke (KV) und die Kombination mit anderen Methoden, Z. Feldherpetologie, Suppl. 15: 86–134, Bielefeld

HACHTEL, M., M. SCHLÜPMANN, B. THIESMEIER & K. WEDDELING (Hrsg. 2009):

Methoden der Feldherpetologie, Z. Feldherpetologie, Suppl.15: 1–424,Bielefeld
HAHNE, A. & R. FENSKE (1992): Haltung und Zucht von *Lacerta lepida* - Erfahrungen aus Terrarien- und Freilandhaltung, Herpetofauna 82 (15): 9–14
HALLMEN, M. (2011): Freilandterrarien für Schlangen, Münster
HARTUNG, H. & A. KOCH (1988): Zusammenfassung der Diskussionsbeiträge des Zauneidechsen-Symposiums in Metelen, Mertensiella 1:245–257, Bonn
HAUPT, H., G. LUDWIG, H. GRUTTKE, M. BINOT-HAFKE, C. OTTO & A. PAULY (Red. 2009): Rote Liste gefährdeter Tiere, Pflanzen und Pilze Deutschlands, Band 1: Wirbeltiere, Bundesamt für Naturschutz, Naturschutz und Biologische Vielfalt 70 (1): 1–386, Bonn - Bad-Godesberg
HENF, M. & D. ALFERMANN (2004): Neunachweis der Smaragdeidechse im hessischen Lahntal, Salamandra 40 (3/4): 235–238.
HENLE, K. & M. VEITH (Hrsg. 1997): Naturschutzrelevante Methoden der *Feldherpetologie, Mertensiella* 7: 1-389, Rheinbach
HENLE, K., J. KUHN, R. PODLOUCKY, K. SCHMIDT-LOSKE & C. BENDER (1997): Individualerkennung und Markierung mitteleuropäischer Amphibien und Reptilien: Übersicht und Bewertung der Methoden - Empfehlungen aus Natur- und Tierschutzsicht, in: K. Henle & M. Veith (Hrsg. 1997): Naturschutzrelevante Methoden der Feldherpetologie, Mertensiella 7:133–187, Rheinbach
IN DEN BOSCH, H. (1998): Terrarienbeobachtungen an *Timon princeps*, Die Eidechse 8: 80–87
JAHN, J. (1980): Das Freilandterrarium. Eine Anleitung zum Bau, zur Einrichtung und Pflege, Lehrmeisterbücherei Bd. 959, Minden
JOGER, U. (1995): Rote Liste der Säugetiere, Reptilien und Amphibien Hessens, Teilwerk II: Reptilien, in: Hessisches Ministerium des Inneren und für Landwirtschaft, Forsten und Naturschutz (Hrsg.): 23–38
Joger, U., D. GUICKING, S. KALYABINA-HAUF, P. LENK, Z. T. NAGY & M. WINK (2006): Phylogeographie, Artbildung und postpleistozäne Einwanderung mitteleuropäischer Reptilien, in: M. Schlüpmann & H.-K. Nettmann (Hrsg.): Areale und Verbreitungsmuster. Genese und Analyse. Festschrift für Prof. Dr. Reiner Feldmann, Z. Feldherpetologie, Suppl. 10: 29–59, Bielefeld
KLINGE, A. (2003): Die Amphibien und Reptilien Schleswig-Holsteins - Rote Liste, 3. Fassung, Kiel (LANU SH-Natur)
KNELLER, M. (2007): *Lacerta schreiberi* Die Iberische Smaragdeidechse – Pflege und Zucht im Freilandgehege, Die Eidechse 18: 33–37
KOBER, I. (2004): Die Perleidechse *Timon lepidus*, Münster
KÖHLER, G. (2004): Inkubation von Reptilieneiern, 2. Aufl., Offenbach

KRONIGER, M. (2010): Nachzuchtstatistik 2010, Die Eidechse 22: 93–96
KRONIGER, M. & M. ZAWADZKI (2005): Eidechsen im Terrarium, Draco 21: 28–37
KÜHNEL, K.-D., A. GEIGER, H. LAUFER, R. PODLOUCKY & M. SCHLÜPMANN (2009): Rote Liste und Gesamtartenliste der Lurche (*Amphibia*) und Kriechtiere (*Reptilia*) Deutschlands, in: H. Haupt, G. Ludwig, H. Gruttke, M. Binot-Hafke, C. Otto & A. Pauly (Red. 2009): Rote Liste gefährdeter Tiere, Pflanzen und Pilze Deutschlands. Band 1: Wirbeltiere, Bundesamt für Naturschutz, Naturschutz und biologische Vielfalt 70 (1): 231–256, Bonn - Bad-Godesberg
KÜHNEL, K.-D., A. KRONE & A. BIEHLER (2005): Rote Liste und Gesamtartenliste der gefährdeten Amphibien und Reptilien von Berlin, in: Der Landesbeauftragte für Naturschutz und Landschaftspflege / Senatsverwaltung für Stadtentwicklung Berlin (Hrsg.): Rote Listen der gefährdeten Pflanzen und Tiere von Berlin, Berlin
KWET, A. (2010): Amphibien und Reptilien Europas, Stuttgart
LANTERMANN, W. (2005): Die Perleidechse (*Timon lepidus*) - Fotoimpressionen von Europas größter Echsenart, Elaphe 13 (2): 52–54
LANTERMANN, W. (2003): Bemerkungen über eine Zauneidechen-Population (*Lacerta agilis*) am ungarischen Plattensee, Elaphe 11(2): 46–50
LANTERMANN, W. & B. DOHR (2010): Amphibien mit Kindern entdecken – Umweltpädagogik vom Jahr des Frosches 2008 bis zum Jahr des Teichmolches 2010, Elaphe N. F. 18 (3): 16–21
LANTERMANN, W. & Y. LANTERMANN (2006a):Beobachtungen an einer Zauneidechsen- (*Lacerta agilis*) Population im Bereich Hünxe / Kreis Wesel, Elaphe 14 (4): 32–36
LANTERMANN, W. & Y. LANTERMANN (2006b): Eine neuer Blindschleichenfundort an der Stadtgrenze Duisburg / Oberhausen, Natur am Niederrhein 21(2): 84–85
LANTERMANN, W. & Y. LANTERMANN (2006c): Zauneidechsen (*Lacerta agilis*) und Touristen am ungarischen Plattensee, Die Eidechse 17(3): 75–79
LANTERMANN, W. & Y. LANTERMANN: (2007a): Zauneidechsen (*Lacerta agilis*) als „Kulturfolger“ an Badeständen in Mecklenburg-Vorpommern, Die Eidechse 18(3): 65–74
LANTERMANN, W.& Y. LANTERMANN (2007b):Westliche Smaragdeidechsen (*Lacerta bilineata*) an der Atlantikküste in der Bretagne, Reptilia 12(64): 40–42
LANTERMANN, W. & Y. LANTERMANN (2008a): Perleidechsen (*Timon lepidus*) im Freiland und im Terrarium, DATZ 61 (11): 68–73
LANTERMANN, W. & Y. LANTERMANN (2008b): Vögel im Naturgarten: Futterplätze, Nisthilfen, Gartengestaltung, Brunsbek
LANTERMANN, W. & Y. LANTERMANN (2009): Erste Erfahrungen mit europäischen Eidechsen im Freilandterrarium, Terraria Nr. 16(2): 30–36
LANTERMANN, Y. & W. LANTERMANN (2010a): Amphibien und Reptilien:

Erkennen – bestimmen – schützen, Stuttgart
LANTERMANN, W. & Y. LANTERMANN (2010b): Eine Zauneidechsenpopulation (*Lacerta agilis*) am Pécser See in Ungarn, Die Eidechse 21: 22–26
LANTERMANN, W. & Y. LANTERMANN (2010c): Herpetofauna am Undelandsee in Südnorwegen: ökologische und pädagogische Aspekte, Reptilia 15(84): 74–77
LANTERMANN, W. & Y. LANTERMANN (2010d): Mauereidechsen in Dinslaken?, Jahrbuch Kreis Wesel 2010, 31: 140–147
LANTERMANN, W. & Y. LANTERMANN (2010e): Notizen über die Brut und Aufzucht junger Perleidechsen (*Timon lepidus*), Terraria 24: 39–42
LANTERMANN, W. & Y. LANTERMANN (2011): Ein Besuch bei den Smaragdeidechsen (*Lacerta bilineata*) im Oberen Mittelrheintal, Die Eidechse 22: 39–44
LANTERMANN, W. & Y. LANTERMANN (2013): Teichfrösche, Teichmolche, Bergmolche – „Quantitative" Randnotizen aus dem eigenen Garten, Elaphe-Terraria 40(2): 47–51
LANTERMANN, W. & Y. LANTERMANN (2015): Eine melanistische Mauereidechse (*Podarcis muralis*) in Heidelberg, Die Eidechse 26: 93–94
LAUFER, H. (1999): Die Roten Listen der Amphibien und Reptilien Baden Württembergs (3. Fassung, Stand 31.10.1998), Naturschutz und Landschaftspflege Baden-Württemberg 73: 103–134
LAUFER, H. (2013): Praxisorientierte Umsetzung des strengen Artenschutzes am Beispiele von Zaun-und Mauereidechsen, im Auftrag der Landesanstalt für Umwelt, Messungen und Naturschutz Baden-Württemberg, Karlsruhe
LAUFER, H., K. FRITZ & P. SOWIG (Hrsg 2007): Die Amphibien und Reptilien Baden-Württembergs, Stuttgart
LEPTIEN, R. (2010): Die Waldeidechse, Reptilia 81: 80–82
MÄRTENS, B. & W.-R. GROSSE (1996): Fotografische Wiedererkennung bei Zauneidechsen (*Lacerta agilis*): Adulti und Juvenes, Die Eidechse 7: 1–6
MALKMUS, R. (2008): Die Amphibien und Reptilien Portugals, Madeiras und der Azoren, Neue Brehm-Bücherei, Bd. 621, Hohenwarsleben
MEẞER, J., M. KLADNY & G. SCHMITZ (2004): Über drei Vorkommen der Mauereidechse *Podarcis muralis* im westlichen Ruhrgebiet sowie Zusammenstellung der allochthonen Vorkommen in Nordrhein-Westfalen, Z. Feldherpetologie 11: 179–186
MEẞER, J. (1999): Möglichkeiten eines Biotopverbundes im industriell geprägten Raum: Das Beispiel Duisburg, Geobotanisches Kolloquium 14: 57–62
MEYER, F. & J. BUSCHENDORF (2004): Rote Liste der gefährdeten Lurche und Kriechtiere, in: F. Meyer, J. Buschendorf, U. Zuppke, F. Braumann, M. Schädler & W.-R. Grosse (Hrsg.): Die Lurche und Kriechtiere Sachsen-Anhalts, Supplement der Zeitschrift für Feldherpetologie 3: 195–206

MÜNCH, D. (1992): Ausgesetzte Amphibien- und Reptilienarten in Dortmund und weitere herpetologische Kurzmitteilungen, Dortmunder Beitr. Landeskunde, naturw. Mitt. 26: 34–45
MÜNCH, D. (2001): Gefährden allochthone Mauereidechsen autochthone Zaun- und Waldeidechsen-Populationen?, Dortmunder Beitr. Landeskunde, naturw. Mitt. 35: 187–190
MUTZ, T. & D. GLANDT (2004): Künstliche Versteckplätze als Hilfsmittel der Freilandforschung an Reptilien unter besonderer Berücksichtigung von Kreuzotter (*Vipera berus*) und Schlingnatter (*Coronella austriaca*), Mertensiella 15: 186–196
NETTMANN, H.-K. (2001): Die Smaragdeidechsen (*Lacerta s. str.*) – eine Übersicht über Verwandtschaft und Formenvielfalt, Mertensiella 13: 11–32, Rheinbach
NÖLLERT, A, U. SCHEIDT, C. SERFLING & H. UTHLEB (2001): Rote Liste der Kriechtiere (*Reptilia*) Thüringens, Naturschutzreport Heft 18, Rote Listen Thüringens: 40–42, Jena
PETERS, G. (1970): Studien zur Taxonomie, Verbreitung und Ökologie der Smaragdeidechsen IV: Zur Ökologie und Geschichte der Populationen von *Lacerta v. viridis* im mitteleuropäischen Flachland, Veröff. Bez. Mus. Potsdam 21: 49–120
PETZOLD, G. (1971): Blindschleiche und Scheltopusik, Neue Brehm Bücherei Nr. 448, Wittenberg-Lutherstadt
PODLOUCKY, R. & C. FISCHER (1994): Rote Liste der gefährdeten Amphibien und Reptilien in Niedersachsen und Bremen, Informationsdienst Naturschutz Niedersachsen 14 (4): 119-120
RAU, S., R. STEFFENS & U. ZÖPHEL (1999): Rote Liste Wirbeltiere, Materialien zu Naturschutz und Landschaftspflege, Dresden
READING, C. J. (1997): A proposed standard method for surveying reptiles on dry lowland heath, Journ. Appl. Ecology 34: 1057–1069
RICHTER, H. (2010): Meine Erfahrungen mit Freilandterrarien, Die Eidechse 21: 1–10
ROGNER, M. (2002): Praxis-Ratgeber Eidechsen, Edition Chimaira, Frankfurt
ROMERO MARTÍN, M. (1998): Untersuchungen zur Ökologie der Mauereidechse (*Podarcis muralis*) in Heidelberg, Die Eidechse 9: 10–21
RYKENA, S. (2001): Experimental hybridization in Green Lizards (*Lacerta s. str.*), a tool to study species boundaries, Mertensiella 13: 69–77
RYKENA, S., H.-K. NETTMANN & R. GÜNTHER (1996a): Westliche Smaragdeidechse – *Lacerta bilineata*, in: R. Günther (Hrsg.): Amphibien und Reptilien Deutschlands: 558-566, Jena
RYKENA, S., H.-K. NETTMANN & R. GÜNTHER (1996b): Smaragdeidechse – *Lacerta viridis*, in: R. Günther (Hrsg.): Amphibien und Reptilien Deutschlands: 566-580, Jena

SÄMANN, J. (2013): Weitere Schlüpflinge der Östlichen Riesensmaragdeidechse (*Lacerta media media*) in meiner Freianlage im Jahr 2013, Die Eidechse 24: 61–62
SCHAPER, B. (1992): Wiedererkennungsmethode für Zauneidechsen (*Lacerta agilis*) auf fotografischem Wege, Artenschutzreport 2/92: 44–48
SCHLÜPMANN, M. & A. GEIGER (1999): Rote Liste der gefährdeten Kriechtiere (*Reptilia*) und Lurche (*Amphibia*) in Nordrhein-Westfalen, 3. Fassung. In: LÖBF/ LAfAO NRW (Hrsg.): Rote Liste der gefährdeten Pflanzen und Tiere in Nordrhein-Westfalen, 3. Fassung, LÖBF-Schr. R 17: 375–404
SCHMIDT-LOSKE, K. (1996): Fotografische Identifikation von *Podarcis muralis* – Möglichkeiten und Grenzen, Die Eidechse 7: 7–12
SCHMIDT-LOSKE, K. (1998): Errichtung einer Freianlage für die Reptilienhaltung im Park des Museums Alexander Koenig in Bonn, Die Eidechse 9: 100–107
SCHNEEWEISS, N. (2012): Missglückter Versuch einer Ansiedlung von *Lacerta viridis* in Nordost-Deutschland, Zeitschrift für Feldherpetologie, 19(2): 145–164
SCHNEEWEISS, N., A. KRONE & R. BAIER (2004): Rote Listen und Artenlisten der Lurche (*Amphibia*) und Kriechtiere (*Reptilia*) des Landes Brandenburg, Naturschutz und Landschaftspflege in Brandenburg 13(4), Beilage
SCHLÜTER, U. (2010): Einfluss von Umweltfaktoren auf Eier und Schlüpflinge von Eidechsen, Terraria 24: 14–27
SCHMIDTLER, J. F., A. PIEH, & H. SCHMIDTLER (2006): Der Brennerpass in den Ostalpen, Einfallstor und Grenzscheide für die postglaziale Herpetofauna, Z. Feldherpetologie, Suppl. 10: 61–89
SCHULTE, U. (2008): Die Mauereidechse: erfolgreich im Schlepptau des Menschen, Bielefeld
SCHULTE, U., B. THIESMEIER, W. MAYER & S. SCHWEIGER (2008): Allochthone Vorkommen der Mauereidechse (*Podarcis muralis*) in Deutschland, Z. Feldherpetologie 15: 139–156

SCHULTE, U. & B. THIESMEIER (2009): Befragungen in der Feldherpetologie - ein wenig genutztes Instrument, Zeitschrift für Feldherpetologie, Suppl. 15: 323–327

STRIJBOSCH, H., J.J.A. BONNEMEYER & P.J.M. DIETVORST (1980): The northernmost population of *Podarcis muralis*, Amphibia-Reptilia 1: 161–172

TACK, A. (2010): Gemeinsam gegen illegalen Handel mit geschützten Arten, www.proplanta.de, Informationszentrum für die Landwirtschaft, 3.3.2010

TROIDL, A. & S. TROIDL (2000): Bemerkungen zu *Lacerta strigata* im Terrarium, Die Eidechse 8: 62

VAN DAMME, R., D. BAUWENS, F. BRANA & R. F. VERHEYEN (1992): Incubation temperature differentially affects hatching time, egg survival and hatching performance in the lizard *Podarcis muralis*, Herpetologica 48: 220–228

VIDAL, N. S. & B. HEDGES (2005): The phylogeny of squamate reptiles (lizards, snakes, and amphisbaenians) inferred from nine nuclear protein-coding genes, in: Comptes Rendus Biologies 328 (10/11): 1000–1008

VÖLKL, W. & D. ALFERMANN (2007): Die Blindschleiche - die vergessene Echse, Zeitschrift für Feldherpetologie, Beiheft 11: 1-159, Bielefeld

WAITZMANN, M. & P. SANDMAIER (1990): Zur Verbreitung, Morphologie und Habitatwahl der Reptilien im Donautal zwischen Passau und Linz (Niederbayern, Oberösterreich), Herpetozoa 3 (1/2): 25–53

WEYRAUCH, G. (2005): Verhalten der Zauneidechse: Kampf – Paarung – Kommunikation, Z. Feldherpetologie, Suppl. 8: 1–143, Bielefeld

ZAHN, A. (2001): Ein Blindschleichenquartier unter einer PVC-Folie: Beobachtungen zu Phänologie, Verhalten und Temperaturansprüchen von *Anguis fragilis*, Salamandra 37: 65–70

ZAUNER, J. (2003): Haltung und Nachzucht der Perleidechse, *Elaphe* 10(3): 24–28